U0205528

"AI 超越·交叉赋能"实用技术丛书

生成式 AI 绘画
Stable Diffusion
从基础到实战

龚 超　张鹏宇　陈 迅　姜帅豪　著

化学工业出版社

·北京·

内容简介

《生成式AI绘画：Stable Diffusion从基础到实战》一书用简洁而又生动的语言，全方位地解读了生成式人工智能绘画的原理、历史沿革、伦理道德等，同时，通过对Stable Diffusion平台的全面介绍，以经典案例和典型行业应用（建筑设计、动漫设计、平面设计）为载体，解读了用人工智能进行绘画的思路与步骤，内容包含了文生图、图生图、图生文等，让读者在学习平台操作流程的同时，理清AI绘画的底层逻辑，即知其然也要知其所以然，全面且细致、有趣又有吸引力。

本书适合使用AI工具辅助工作的设计人员、绘画创作者阅读学习，对AI绘画感兴趣的人群也可以阅读，同时，本书也可以作为AI绘画专业的教材使用。

图书在版编目（CIP）数据

生成式AI绘画：Stable Diffusion从基础到实战/龚超
等著．—北京：化学工业出版社，2024.4
（"AI超越·交叉赋能"实用技术丛书）
ISBN 978-7-122-45095-1

Ⅰ.①生…　Ⅱ.①龚…　Ⅲ.①图像处理软件　Ⅳ.
①TP391.413

中国国家版本馆CIP数据核字（2024）第035407号

责任编辑：雷桐辉　　　　　　　　装帧设计：王晓宇
责任校对：宋　夏

出版发行：化学工业出版社
　　　　　（北京市东城区青年湖南街13号　邮政编码100011）
印　　装：中煤（北京）印务有限公司
710mm×1000mm　1/16　印张12³⁄₄　字数207千字
2024年4月北京第1版第1次印刷

购书咨询：010-64518888　　　　　售后服务：010-64518899
网　　址：http://www.cip.com.cn
凡购买本书，如有缺损质量问题，本社销售中心负责调换。

定　　价：89.00元　　　　　　　　版权所有　违者必究

AI超越 · 交叉赋能

前言

PREFACE

　　图像生成 AI 已经掀起了一场对各个领域有深刻影响的革命。本书深入研究了这一技术变革对产业、创意及社会伦理所带来的深远影响。

　　首先，图像生成 AI 的崛起正在迫使传统产业重新审视自身。其每日生成的图像数量相比传统方法呈指数级式增长，这使得传统产业的运营模式面临着翻天覆地的改变。相关领域的从业者需要重新思考他们在这一新时代的定位，更多地发挥指导者的角色，与 AI 协同工作，指导整体创作过程。这不仅是技术手段的变化，更是对从业者技能的全新要求，需要更广泛地理解和操作 AI 系统。

　　图像生成 AI 也为创作者提供了前所未有的机会。它被认为能够轻松将抽象概念转化为视觉作品，使更多人能够表达自己的创意，从而达到了创意的多样性。这不仅是对创作者的解放，也被认为是沟通方式的革命，使更多的人能够通过视觉媒体实现自我表达和主张。图像生成 AI 为创意领域开辟了新的可能性，改变了人与人之间的创意交流方式。

　　本书通过深入研究 AI 绘画的探索历程，全面探讨了深度学习与 AI 绘画的交汇，以及 AI 绘画在多模态、大模型和产业赋能方面的发展。同时，本书还深入剖析了 AI 绘画引发的伦理问题，包括知识产权、信息安全、就业等方面，着重强调了技术发展与伦理之间的协同进步。

　　本书共分 8 章，详细介绍了 AI 绘画的发展历程、道德伦理，以及 Stable Diffusion 的技术细节。

在第 1 章中，回溯了 AI 绘画的发展历程，从早期的纺织图案"计算"探索到计算机科学与绘画的融合。主要探讨数学规则与算法之美如何影响艺术创作，以及 AI 遗传算法与有机艺术的结合。此外，深度学习如何推动 AI 绘画的发展也是本章的重点内容。

第 2 章着重于 AI 绘画在 AIGC 时代的多模态应用，探讨了从文本到图像的转换技术，包括 DALL·E 和 CLIP 模型，以及深度学习的新兴架构等内容。此外，本章还将介绍 AI 绘画如何赋能不同行业，带来创意和设计上的新机遇。

第 3 章探讨了 AI 绘画引发的社会问题，包括知识产权、信息安全和就业等方面的挑战。这一章旨在提供一个全面的视角，讨论技术进步带来的伦理问题，以及如何在保持创新的同时应对这些挑战。

第 4 章至第 7 章深入介绍 Stable Diffusion 等工具的本地部署和操作流程，探索图像生成的高级应用和技术细节，可为有志于深入了解和应用 AI 绘画技术的读者提供实用的指导。

第 8 章展示了 AI 绘画在各行业的应用案例，包括建筑设计、动漫设计和平面设计等领域。通过这些实际案例，读者将能够更好地理解 AI 绘画技术在实际应用中的潜力和影响。

通过阅读本书，读者将全面理解图像生成 AI，见证它如何在创意领域引发革命，重塑创意的本质和范围。本书为读者提供了实践操作的指南，使他们能够更好地应对图像生成 AI 的时代。无论是专业创作者还是普通爱好者，都将发现在这个充满活力的领域中的无限可能，迎接技术与创意共同进步的未来。

著　者

扫码获取
书中网址链接

CONTENTS

目录

1

AI绘画的探索时代

001 ——————

2

AI绘画迎来AIGC时代

029 ——————

3

AI 绘画引发的社会问题

055

4

本地部署使用

071

5

Stable Diffusion
图像生成
089 ————

6

Stable Diffusion
进阶使用
111 ————

7
可控的图像生成

137 ——————

8
常见行业应用案例

157 ——————

附录

184 ——————

1

AI绘画的
探索时代

1.1　AI 绘画的早期探索

1.1.1　纺织中的图案"计算"

　　1804年，法国的织工和商人约瑟夫·玛丽·雅卡尔（Joseph Marie Jacquard）发明了提花机（Jacquard loom），如图1-1所示，彻底改变了图案布料的编织方式。这台机器基于早期发明家雅克·德·沃康松（Jacques de Vaucanson）的工作，能够使非熟练工人轻松制作复杂而细致的图案，极大地缩短了制作时间。

图1-1　Jacquard 提花机

　　提花机的发明不仅改变了纺织业，还降低了时尚图案布料的生产成本。这项技术的传播，使得图案布料可以大规模生产，不再仅仅是富人的特权。到了19世纪20年代，提花技术传播到英国，极大地促进了纺织工业的发展，使曼彻斯特及其周边的棉花城镇能够生产出备受欢迎的机织图案纺织品。

　　提花机的发明，改变了纺织品的生产方式，更代表了人机交互的一场革命。它使用了二进制代码来指示织布机执行自动化的编织过程。织布机的二进制编码操作是通过使用穿孔的卡片来指示机器工作的，每个卡片上都有一系列小孔，其中每个小孔对应一块布料上的一个点。机器根据卡片上孔的位置来确定是否将织布机的针穿过相应的布料点，从而形成图案。如果孔存在，机器将执行操作，如果不存在，机器则不执行。这种简单而巧妙的二进制编码方式，使织布机能够自动地创建复杂的图案，为纺织业带来了革命性的变革。

这种思想后来在计算机科学中得到了广泛应用，成了计算机内部数据处理的基础。因此，提花织机通常被认为是现代计算机的前身，它的可互换打孔卡启发了早期计算机的设计。图1-2为IBM打孔卡片。

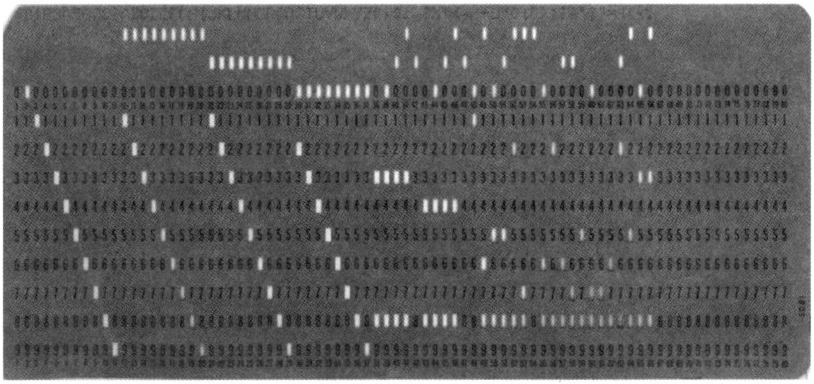

图1-2　IBM打孔卡片

Jacquard的提花机发明中蕴含的自动化编程、二进制编码等思想，给计算机科学和人工智能领域带来了宝贵的启发。这些思想强调了自动化、编程和可互换性等概念，对于推动计算机发展有至关重要的作用。

1.1.2　计算机科学与绘画的融合

哈罗德·科恩（Harold Cohen）1928年生于伦敦，1951年毕业于伦敦大学学院斯莱德美术学院（Slade School of Fine Art）。尽管哈罗德·科恩早期是一位绘画艺术家，但他也对计算机科学有着浓厚的兴趣，并且一直以来都在思考着一个问题：是否可以用计算机来模拟艺术家的创作过程，创造出具有独特风格的艺术作品？

1973年，哈罗德·科恩开始了一项具有开创性意义的艺术和计算机科学融合的尝试，为了让计算机能够像艺术家一样绘画，科恩开始探索将计算机编程与艺术创作相结合的方法。他研究了计算机绘画的基本原理，从像素到颜色，再到图像构成的各个方面。最终，科恩成功开发了一个名为AARON的计算机程序，经过多次迭代和调整，AARON逐渐开始能够独立创作出艺术作品，这些作品展现出独特的风格和创意。虽然早期的AARON创作出的作品可能并不完美，但它标志着计算机在艺术创作中具备了一定程度的创造性能力。

"AARON"利用演算法使计算机画出的线条接近于人类徒手画出的线条，能够以类似于艺术家的方式作出创作决策，选择颜色、笔画和形状。为了教会AARON如何绘画，科恩采用人工智能的概念，使AARON能够逐步学习绘画技巧，并根据其学习的经验和指导逐渐形成自己的创作风格。他利用大量的算法和规则，使AARON能够根据内部的"学习"和"创造"能力，创作出抽象的图像，如静物和人像等。

哈罗德·科恩的AARON项目持续了几十年，他在不断地改进和扩展AARON的能力。这个项目不仅在计算机艺术领域产生了影响，还为人工智能和创意性计算提供了一个重要的案例，展示了计算机可以在创作中具备一定程度的创造性和独特性。这一程序曾先后在伦敦泰特美术馆、阿姆斯特丹市立博物馆、旧金山艺术博物馆展出。图1-3为哈罗德·科恩的一台绘画机器特写。

图1-3　哈罗德·科恩的一台绘画机器特写❶

1.1.3　数学规则与算法之美

薇拉·莫尔娜（Vera Molnar）是一位享有盛誉的计算机艺术家，以其在计算机艺术领域的创新和贡献而闻名。莫尔娜于1924年出生在匈牙利。她的故事充满了独特的创造性和突破性，在计算机问世之前，她就已经在绘画领域展现出卓越的才华。然而，直到1968年，她才意识到计算机的潜力，这一发现彻底

---

❶ Cohen P. Harold Cohen and AARON. AI Magazine，2017，37：63-66.

改变了她的艺术路径。

1968年，莫尔娜第一次接触到索邦大学研究实验室的计算机，并自学了早期的编程语言Fortran，这使她能够在机器中输入无尽的算法变体。使用0和1的语言，她可以将指令输入计算机，然后将指令输出到绘图仪，绘图仪用移动的笔绘制线条图。她逐渐认识到，计算机的算法和处理能力可以为她的创作带来新的可能性，使她能够在创作中突破传统的界限。

作为计算机艺术的早期先驱之一，莫尔娜用一种严格的组合方法创造出抽象几何，并由一套预先确定的数学规则支配，这些规则也预示着计算机的发展。这位艺术家曾经说过："我的生活就是在方形、三角形和直线中度过的。"

20世纪60年代，她开始手工实现简单的算法程序，这种方法被称为她的"机器想象力"。她进行了字母"M"的重复和变化实验，这个字母代表了马列维奇、蒙德里安和她自己的名字，该字母被作为一个抽象符号运用的同时，也是她对前辈们的致敬。她深信审美问题从来没有单一的解决方案，因此在作品内部和作品之间进行了一系列的变化实验。她还探索了秩序和混乱之间的滑动，故意引入"1%的混乱"，以允许一个系统确定的机会因素影响她的作品。

她使用算法来创建和改变图像，探索了图形的不同形态和结构，通过旋转、变形、擦除等操作，将几何图形重新组合，创造出了令人惊叹的视觉效果。同时，在创作过程中，莫尔娜都非常关注有序与无序之间的关系，以及在创作中探索计算机的直觉潜力。她的作品《（无）秩序》通过微调算法参数，将原本规律的图案随机扰乱，为作品注入了动态感和不确定性，如图1-4所示。

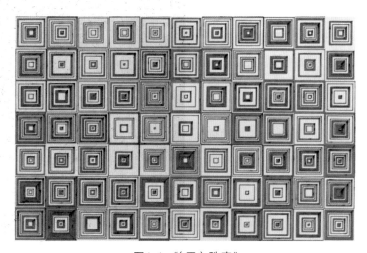

图1-4 《（无）秩序》

莫尔娜的贡献不仅在于她的作品，还在于她对计算机艺术的探索和推动。她的创新思想和实验精神激发了许多艺术家和计算机科学家，为计算机艺术领域的发展开辟了新的道路，其作品和思想依然对当今的艺术和技术领域产生着深远的影响。

1.1.4 AI 遗传算法与有机艺术

威廉·兰瑟姆（William Latham）出生于1961年，是数字艺术领域的重要创作者之一，以其创新性的计算机生成艺术而闻名。他的作品融合了计算机科学、数学、生物学和艺术，开辟了数字艺术的新领域，为计算机生成领域带来了深远的影响。

威廉·兰瑟姆以其独创的"有机艺术（organic art）"而闻名，他借鉴遗传算法的思想，将艺术创作看作是一种进化过程，使得艺术作品不再是通过传统的手工绘画或雕塑进行创作，而是通过编程和计算机算法生成。

1992年，William 与 Stephen Todd 合著出版了《进化艺术与计算机》（*Evolutionary Art and Computers*）（图1-5），书中主要介绍了使用基于遗传算法生成有机生命形态的3D计算机模型技术，并将其变异为艺术创作。该书阐述了他将生物进化和人工生命作为艺术形式的思考，并介绍了他与Todd合作开发的创新性艺术系统。这本书结合了现代艺术、几何学和计算机图形的世界，强调了自然进化和人工生命的主题，书中提出的通过突变进行主观人机交互的新概念是对计算机科学的重要贡献。

威廉·兰瑟姆的作品不仅在数字艺术领域引起了广泛关注，还对计算机科学和人工智能产生了深远的影响。他提出的方法为艺术家和科学家提供了一种全新的思考方式，推动了数字艺术的发展，同时也为计算机科学和人工智能领域的交叉研究提供了新的思路和灵感。

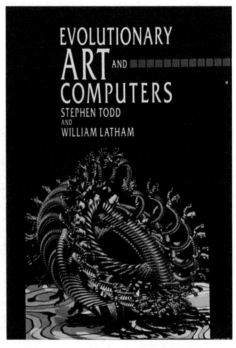

图1-5 《进化艺术与计算机》封面

1.2 深度学习与AI绘画

1.2.1 从神经元到深度学习

提及深度学习，就不得不从神经网络说起。而说起神经网络，有必要先了解什么是神经元。神经元是神经系统的基本构建单元，也是人工神经网络的模拟单位。它是一种生物学和计算模型的融合，用于处理和传递信息。一个典型的神经元包括以下要素：

- 树突（dendrites）：树突是神经元的输入部分，接收来自其他神经元的电信号或化学信号。它可以接收多个输入。
- 细胞体（cell body）：细胞体包含神经元的细胞核和主要细胞器，对接收到的信号进行集成和处理。
- 轴突（axon）：轴突是神经元的输出部分，它传递处理后的信号到其他神经元。某些神经元的轴突可以很长，以便远距离传递信号。
- 突触（synapse）：突触是树突和轴突之间的连接点，通过化学或电信号将信息传递给其他神经元。突触起着至关重要的作用，使神经元之间可以相互通信。

首个人工神经元最早是在1943年由沃伦·麦卡洛克（Warren McCulloch）和沃尔特·皮茨（Walter Pitts）合作提出的，他们提出了一种神经元模型，这是一种简化的数学模型，用于描述神经元的工作原理，为人工智能和计算神经科学领域的发展提供了重要的基础。如图1-6所示。

在神经元的基础上，进一步形成了神经网络。BP神经网络是一种前馈神经网络，其核心是神经元的组织和相互连接。神经网络通常包括输入层、隐藏层和输出层，每一层都有不同的作用和组成部分。

在神经网络中，输入层是我们的数据入口。每个输入神经元代表一个特征，并将原始特征值传递给下一层。输入层没有权重或激活函数，仅负责传递数据。

隐藏层是神经网络的核心，用于学习和提取数据中的特征。这些层位于输入层和输出层之间，并包含许多神经元。每个神经元都与前一层的每个神经元相连，通过权重来调整信号的传递。此外引入了激活函数进行非线性变换，例

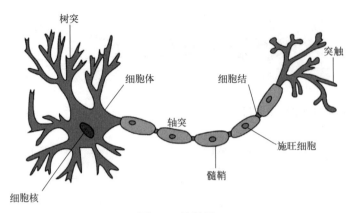

图1-6　神经元

如Sigmoid函数或ReLU函数，使神经网络能够捕捉更复杂的模式。

权重是神经网络的关键参数，通过训练过程不断调整以使损失函数最小化。损失函数是用于衡量模型输出与实际目标之间的差异的指标。不同的任务可能需要不同的损失函数，如均方误差用于回归问题，交叉熵用于分类问题。

最后，输出层通常用于生成神经网络的最终输出，其神经元数目取决于任务的类别或目标。输出层的激活函数也根据任务而变化，如Sigmoid用于二分类问题，Softmax用于多分类问题。如图1-7所示为BP神经网络。

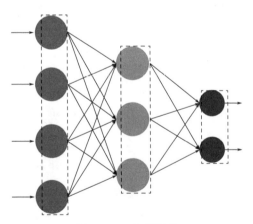

图1-7　BP神经网络

神经网络通过前向传播计算输出，然后通过反向传播算法不断调整权重，以提高性能。网络的深度和结构可以根据任务要求进行设计，训练的质量和性能取决于多个因素，包括权重初始化和超参数的选择。

BP神经网络在处理图像数据时可能会面临参数过多的问题。当处理大型图像时，尤其是处理高分辨率图像时，网络的参数数量会迅速增加，可能导致参数爆炸、过拟合以及训练时间大幅增加等问题，这可能不适用于大规模图像数据集，因此需要寻找更好的神经网络模型。

卷积神经网络（convolutional neural network，CNN）是一种深度学习神经网络，主要用于图像识别和处理领域。

CNN与人类视觉之间存在紧密的联系，因为CNN的设计受到了人类视觉系统（图1-8）的启发。以下是CNN与人类视觉之间的关系：

① 层级特征提取。CNN的层级结构类似于人类视觉系统中的层级特征提取。人类视觉系统从简单的特征（如边缘和颜色）逐渐提取更高级的特征，直到形成对物体的抽象表示。CNN中的卷积层逐层提取图像的特征，从边缘和纹理到更高级的形状和对象部分，类似于人类视觉系统的工作方式。

② 局部感受野。CNN的卷积操作通过滑动小卷积核来捕获图像的局部特征，这与人类视觉系统中的局部感受野相似。人眼的视野也是有限的，只能看到视野内的一小部分区域。这种局部感受野使CNN能够专注于局部特征，而不受整体图像的干扰。

③ 平移不变性。卷积操作具有平移不变性，这意味着它能够检测特定特征，无论这些特征在图像中的位置如何。类似地，人类视觉系统在不同位置看到相同的对象或特征时也能够识别它们。

④ 分级特征提取。CNN的层级结构允许逐步提取更抽象的特征。这与人类视觉系统的工作方式相符，人们首先注意到图像中的基本特征，然后逐渐认识到更高级的对象和场景。

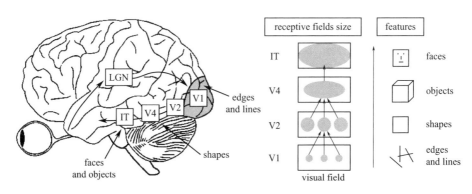

图1-8　人类视觉皮层腹侧通路

（faces：面；objects：对象；shapes：形状；edges and lines：边和线；
receptive fields size：感受野大小；visual field：视野；features：功能）

尽管CNN受到人类视觉系统的启发，但它仍然是一种计算机视觉模型，有其自身的架构和限制。然而，CNN的设计使其在图像分类、目标检测、人脸识别等任务上表现出色，而且在许多领域都取得了成功，这反映了其与人类视觉之间的联系和启发。

CNN一些主要的工作原理如下：

- 卷积操作：卷积是CNN的核心操作。它通过在输入图像上滑动一系列小卷积核（也称为滤波器）来提取特征。
- 池化操作：池化操作用于减小特征映射的尺寸，降低计算复杂度，并增强特征的不变性。
- 全连接层：在卷积层和池化层之后，通常有一个或多个全连接层，用于将卷积层提取的特征映射到具体的类别或回归值。

图1-9为图卷积神经网络工作原理。

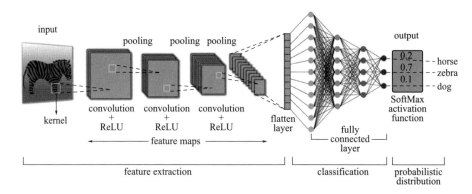

图1-9　图卷积神经网络

（input：输入；kernel：内核；pooling：池化；convolution：卷积；feature maps：特征图；flatten layer：平面化图层；feature extraction：特征提取；fully connected layer：全连接层；horse：马；zebra：斑马；dog：狗；SoftMax activation function：SoftMax 激活函数；classification：分类；probabilistic distribution：概率分布）

CNN的工作机理允许它有效地捕获图像中的局部和全局特征，因此在计算机视觉领域中取得了显著成功。它也适用于其他领域，如自然语言处理中的文本分类和序列建模。

循环神经网络（recurrent neural network，RNN）是一种深度学习模型，专门用于处理序列数据，如文本、语音、时间序列等。它的基本原理是在网络内部引入循环结构，使得网络可以保留之前时刻的信息，从而能够处理序列中的依赖关系。如图1-10所示。

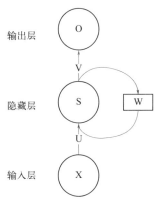

图1-10　循环结构神经网络

RNN在网络内部引入循环结构，将当前时刻的输入数据和前一时刻的隐藏状态（或记忆）通过一个循环连接起来。这样，网络可以在处理每个时刻的输入时，同时考虑之前时刻的信息，从而捕捉序列数据中的时序依赖关系。

在每个时刻，RNN接收一个输入向量（通常是序列中的元素，如单词的词向量），并结合上一时刻的隐藏状态，计算出当前时刻的隐藏状态。这个隐藏状态可以看作是网络在前一时刻的记忆，它随着时间的推移保留了序列中的信息。RNN的隐藏状态更新公式通常由当前输入、上一时刻的隐藏状态和一些权重参数共同决定。根据当前时刻的隐藏状态，可以计算出对应的输出向量。这个输出向量可以在某些任务中直接使用，也可以作为下一层网络的输入。

虽然RNN可以处理序列数据的依赖关系，但它在长序列上存在梯度消失问题。由于反向传播过程中，梯度会在时间上递减，导致远距离时刻的梯度几乎消失。这会影响网络的训练，使得网络难以捕捉长距离的依赖关系。

为了解决梯度消失问题，长短时记忆网络（long short-term memory，LSTM）和门控循环单元（gated recurrent unit，GRU）被提出。这些模型引入了门控机制，可以控制信息的保留和遗忘，从而更好地捕捉长序列的依赖关系。

1.2.2　卷积神经网络与图像特征

在一个富有创意和激情的科研团队中，有一位名叫亚历克斯·莫德文采夫（Alexander Mordvintsev）的年轻工程师，他是一位对人工智能充满好奇心的技术爱好者。亚历克斯工作在Google的深度学习研究团队中，每天他都沉浸在复杂的卷积神经网络之中，试图理解这些网络是如何识别图像、分辨物体的。

有一天，亚历克斯偶然间发现，这些卷积神经网络中间的一些层次似乎在学习一些奇特的、抽象的特征，而不仅仅是简单的边缘和形状。这一发现引起了他的兴趣，他开始尝试将这些特征可视化。于是，他和他的团队一起开始研究如何将这些抽象特征呈现在屏幕上。他们将网络的中间层输出转化为图像，发现这些图像充满了奇怪的纹理、模式和形状。有时候，图像中竟然会出现狗、鸟或者眼睛的形状，这种效果有点像是梦境或是幻觉。

亚历克斯和团队开始思考，这些奇怪的视觉效果是否可以成为一种独特的艺术形式。于是，他们决定开发一个软件，将这个过程变得更加对用户友好。2015年，谷歌发布了DeepDream软件，寓意着从神秘的深度网络中发掘出奇幻的梦境。随着DeepDream的发布，一股独特的艺术风潮开始涌现。人们可以将自己的照片输入DeepDream，然后选择不同的网络层次和参数，看看最终会生成怎样奇异的图像。很快，DeepDream变得火爆起来，成为人们热衷的创意工具。社交媒体上开始充斥着充满艺术感的图像，有的图像中出现了奇怪的眼睛，有的则像是画家的创作，如图1-11所示。艺术家们也开始将DeepDream生成的图像用于他们的创作，一幅幅充满幻觉的画作被创造出来，引发了广泛的关注。甚至有些人开始将DeepDream应用于视频，创造出了令人惊叹的艺术作品。

图1-11　DeepDream技术生成的图片

随着时间的推移，DeepDream的发展也引发了更多的思考：这个技术是否只是一种艺术噱头，还是能够在其他领域发挥更大的作用。一些研究者开始探索将DeepDream应用于医学图像分析、数据可视化等领域，为这项技术赋予了更多的价值。

总的来说，谷歌DeepDream的发展历程就像是一场关于创意和技术交融的奇幻之旅。从最初的卷积神经网络研究，到将奇幻的视觉效果转化为艺术作品，再到在不同领域探索其潜力，DeepDream的故事展示了人类创造力与科技的融合，引领着我们走向一个更加奇妙的未来。

基于AI绘画的图像风格迁移是一项计算机视觉技术，其目标是将一幅图像的艺术风格嵌入到另一幅图像中，从而产生独特的图像创作。这一技术利用人工智能算法，结合深度学习和神经网络模型，使得生成的图像在保留原始内容的同时，融合了另一幅图像的艺术特征。这一过程基于两个关键概念：内容和风格。如图1-12所示。

原始图片　　　　　　　　风格图片　　　　　　　　风格化结果

图1-12　基于AI绘画的图像风格迁移生成的图片

"内容"在此指的是图像的基本构成要素，如形状、结构和物体的位置。与之不同，"风格"涵盖了图像的艺术表现方式，比如印象派、抽象主义画派和立体主义画派等。不同于内容，风格更为模糊且难以量化。

这一技术的实现过程包括以下步骤：首先，选择一幅作为内容源的图像和一幅作为风格源的图像。内容图像通常是待修改的图像，而风格图像是具有特定艺术风格的图像，如名画。接下来，通过构建卷积神经网络（CNN）或其他深度学习模型，形成一个能够捕捉图像内容和风格的多层次特征的模型。

将内容图像和风格图像输入网络，从中提取出它们在不同层次的特征表达。这些特征捕获了图像的内容和风格信息。随后，通过比较内容图像和生成图像的特征表达，计算内容损失。同时，通过比较风格图像和生成图像的特征表达，计算风格损失。这些损失函数有助于调整生成图像，使其在内容和风格上与目标一致。

图像风格迁移的技术发展始于2015年，Gatys等人发表的论文*A Neural Algorithm of Artistic Style*为该领域奠定了基础，是将CNN网络应用于风格迁移的开创性研究。此后，许多相关研究不断涌现。这一技术的应用广泛，涵盖数字艺术、图像编辑、影视特效等领域，也是计算机视觉与艺术创作相结合的典范。在图像风格迁移中，CNN 网络具有关键地位，因为它能够在不同层次上提取图像的特征。这包括了图像的风格特征和内容特征。通过选择适当的 CNN 模型，并训练能够捕捉图像风格和内容的网络层，可以实现生成新图像的风格变换。

1.2.3 Sketch-RNN，从序列到图像

2017 年，一位名为 David Ha 的研究人员在 Google Brain 团队中发布了草图 RNN（sketch-RNN）。这是一个基于循环神经网络（RNN）的生成模型，其特殊之处在于，它能够让用户从简单的手绘草图，逐渐生成逼真的图像。这个概念让人们感受到了一股新的创意风暴，这是一次将手绘和计算机智能相结合的尝试。

sketch-RNN 的发展过程充满了挑战和探索。在初期，研究人员不断优化网络结构，改进训练策略，以获得更加准确和多样化的生成结果。通过大量的实验和迭代，模型的性能逐渐得到提升，让草图生成更加生动有趣。

sketch-RNN 使用循环神经网络（RNN）来模拟人类绘图的过程，通过学习大量的手绘图像数据，sketch-RNN 能够逐渐学会绘图的笔画顺序和路径，从而能够在给定一个起始点的情况下，一步一步地生成整个图像。这种技术不仅能够生成简单的线条和图形，还能够模仿复杂的手绘作品，包括动物、风景等。

这项技术的应用领域十分广泛。首先，sketch-RNN 在数字创意领域引起了轰动，它可以将简单的线条草图转化为极具创意的图像，让创作者在数字画布上尽情释放创意。其次，它在教育领域也有着潜力，孩子们可以通过绘制草图，让 sketch-RNN 帮助他们创造出可爱的形象，促进创造性思维的培养。此外，它还被应用于游戏开发中，为游戏中的物体、角色增添独特的设计元素。

然而，就像任何技术一样，sketch-RNN 也存在着一些挑战。在生成复杂图像时，模型有时可能会产生一些不准确或不完整的部分。同时，模型的训练需要大量的数据和计算资源，以及精心设计的超参数，这可能在某些场景下限制了其应用范围。图 1-13 为基于 sketch-RNN 技术生成的图片。

总的来说，sketch-RNN 的出现为图像生成和创作领域注入了新的活力。它将手绘与神经网络的力量融合在一起，为创作者和设计师提供了全新的工具。虽然在发展历程中还有待克服的问题，但它带来的创新和潜力已经为艺术、设计和教育领域带来了新的可能性。

图1-13　基于sketch-RNN技术生成的图片 ❶

1.3　生成模型下的AI绘画

1.3.1　无中生有VAE

2012年，两位全球人工智能和机器学习领域的权威人物，华裔科学家吴恩达（Andrew Ng）和杰夫·迪恩（Jeff Dean），共同展开了一项引人注目的实验，以探索人工智能在"创作"方面的潜力。他们集结了大规模的计算资源，创造了当时世界上最大的深度学习网络，用来让计算机学会绘制猫的图像。之所以选择绘制猫，是因为猫在许多人类文化中具有广泛的象征意义，同时也因为猫的形象相对简单，有利于模型的训练。

为了进行这个实验，吴恩达和杰夫·迪恩集结了1000台电脑和16000个中央处理器（CPU），用这些强大的计算资源来训练深度学习网络。他们使用了大量的猫的图片作为训练数据，让计算机从这些图片中学会识别猫的特征和形态。经过整整三天的训练，这个深度学习网络终于生成了一张模糊的猫脸图像（图1-14）。

❶ Ha D，Eck D. A Neural Representation of Sketch Drawings. arXiv preprint arXiv，2017，1704：03477.

虽然这张图像很难辨认出是猫脸，而且耗费了大量的计算资源，与现在的模型相比，这个模型的训练几乎毫无效率可言，但对于计算机视觉领域而言，这次尝试开启了一个新的研究方向，也就是我们目前所讨论的 AI 绘画。这次实验代表了一个突破性的尝试，展示了深度学习模型在创作方面的潜力。

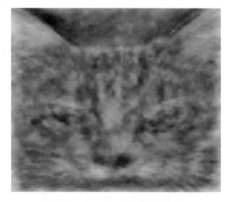

图1-14　AI生成的猫脸图像

吴恩达和杰夫·迪恩"生成"猫的实验为后续 AI 绘画领域的发展铺平了道路。虽然这次实验的结果可能不够惊艳，但它在技术和理论层面上的探索为之后的研究和实验带来了宝贵的经验和启示。从此以后，越来越多的研究者和艺术家开始探索人工智能在绘画创作中的应用，推动了这一领域的迅速发展。

在深度学习中，有两种主要类型的模型：判别模型和生成模型。判别模型的主要任务是根据输入数据来做出分类或标签预测。它们专注于学习如何将输入映射到输出，通常是一个确定性的过程。典型的例子包括图像分类、文本情感分析和语音识别。这些模型通常能够准确地预测给定输入所属的类别或标签。

生成模型则更复杂，其目标是学习数据的分布，以便能够生成与训练数据类似的新数据。这意味着生成模型可以创造全新的数据，如图像、文本、音频等，而不仅仅是对已有数据的分类。生成模型的应用范围更广泛，但也更具挑战性。

生成模型是一种令人兴奋的技术，它有着广泛的应用前景。与传统的多层神经网络不同，生成模型是一个更为抽象的概念，它的任务不仅仅是识别和分类数据，还包括生成全新的数据，为我们打开了全新的可能性。

当时的神经网络更倾向于判别模型的训练，而不是生成模型，因为生成模型的建模难度相对较大。生成模型需要学会模拟数据的分布，使其能够生成与训练数据相似但不完全相同的新数据。这需要更多的复杂性和挑战，因为生成数据的可能性空间要远大于判别任务。

生成模型的核心思想之一是"生成器"，这是一个能够根据输入生成数据的模型。其中，最为著名的生成模型之一是"变分自动编码器（variational autoencoder，简称VAE）"，如图1-15所示。

2013年，Diederik P. Kingma和Max Welling首次提出变分自动编码器，这一创新性的模型是深度学习领域的一个重大突破。当时，深度学习正逐渐崭露头角，各种神经网络结构如CNN和RNN正在不断演进，然而，生成模型依然是一个棘手的问题。

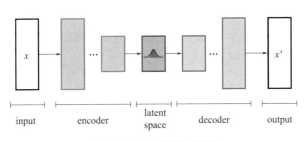

图1-15　VAE的基本框架

（input：输入；encoder：编码器；latent space：潜空间；
decoder：解码器；output：输出）

VAE的一个关键思想是使用正态分布生成潜在变量，然后将这些潜在变量输入到生成器中，从而生成新的数据。这种方法在图像生成、文本生成等领域都取得了显著的成功。如图1-15所示，模型接收x为输入。编码器将其压缩到潜空间。解码器以在潜空间采样的信息为输入，并产生x'，使其与x尽可能相似。

VAE的提出标志着生成模型新时代的开始。在此之前，自动编码器（autoencoder）是一种用于降维和特征学习的有力工具，但它们通常不具备概率建模的能力。VAE汲取了概率图模型的思想，尤其是变分推断和贝叶斯方法，将这些概念融入自动编码器的框架中。它的核心思想是将数据的潜在表示看作是一个概率分布。通过编码器和解码器的协同工作，VAE不仅能够实现数据的降维和重建，还能够学习数据的概率分布。编码器将输入数据映射到潜空间，并生成潜在表示的均值和方差。解码器从这些统计数据中采样，生成重建的数据。这一过程通过最大化似然性来训练，同时通过KL散度来保持潜在表示的正态分布。

VAE的出现对深度学习产生了深远的影响。首先，它解决了生成模型中的许多挑战，使生成数据成为可能。其次，它在无监督学习和数据降维方面表现出色，被广泛用于图像和文本生成、特征学习等任务。此外，VAE的概率建模能力为处理不确定性提供了有效工具，因此在贝叶斯深度学习和强化学习中也有广泛应用。

1.3.2 左右互搏 GAN

除了 VAE，生成式对抗网络（generative adversarial networks，简称 GAN）也是一种备受瞩目的生成模型。VAE 和 GAN 模型成了生成模型领域的两大支柱，它们各自在概率建模和对抗训练方面做出了贡献。这两者的演变和不断创新，推动了深度学习生成模型的进步，为图像、文本、语音生成等领域提供了强大的技术支持。

GAN 的出现为 AI 绘画开创了一个全新的篇章。在早期的尝试中，研究者们意识到 GAN 可以用于艺术创作，尤其是图像生成领域。通过调整生成器和判别器的架构，以及优化训练参数，研究者开始探索使用 GAN 生成艺术品。GAN 被应用于生成各种类型的图像，从风景、肖像到抽象艺术。生成器可以通过学习真实绘画作品的特征和风格，生成出与之相似的艺术品。判别器则通过与真实作品对比，不断提高对生成作品的辨别力。这种对抗性训练使得生成的艺术品逐渐趋于逼真，甚至有时可以以假乱真。

随着时间的推移，GAN 技术在各个领域取得了巨大的成功，包括图像生成、图像编辑、音频生成等。2018 年，法国艺术家兼计算机科学家 Hugo Caselles-Dupré 使用 GAN 生成的第一幅人工智能创作的肖像 *"Portrait of Edmond de Belamy"*（图 1-16），代表了生成式对抗网络（GAN）在 AI 绘画领域的重要应用。*"Portrait of Edmond de Belamy"* 由一个特殊的 GAN 模型生成，称为 DeepArt。这幅肖像画在 2018 年 10 月由佳士得拍卖行拍卖，被一位通过电话竞拍的神秘买家以 43.25 万美元（约合 300 万元人民币）的高价拍下。这个事件引起了媒体的广泛关注，也使得人工智能生成的艺术作品成了热门话题。

这个事件标志着 GAN 技术在艺术领域的重要应用，以及 AI 绘画开始引起艺术市场和大众的关注。*"Portrait of Edmond de Belamy"* 成了首个以 AI 生成

图 1-16　*Portrait of Edmond de Belamy*

方式创作的作品进入主流艺术市场的例子，这对于AI在创意领域的发展具有里程碑的意义。这也证明了GAN技术在艺术创作中的巨大潜力，以及它可以为艺术家们提供新的工具和创作方式。

GAN模型是加拿大蒙特利尔大学的计算机科学家Ian Goodfellow在2014年首次提出的，一经面世就在计算机科学和人工智能领域引起了巨大反响。GAN的独特之处在于它同时包含两个模型：一个生成模型和一个判别模型。它的核心思想是通过让这两个神经网络模型互相竞争，这两个模型相互对抗学习，生成模型试图生成越来越逼真的数据，而判别模型则试图区分真实数据和生成数据。这种竞争促使生成模型生成数据的逼真度不断提高。

如图1-17所示，GAN主要由两部分组成：生成器（G）和判别器（D）。生成器通过输入随机数来产生伪造的数据，而其目标是制作出与真实数据几乎无法区分的假数据。判别器则负责判断数据是真实的还是伪造的，其目的是使对真数据和假数据的识别准确率达到最大化。GAN训练过程可以被视为一场"游戏"，其中生成器和判别器互相竞争。生成器创造伪造数据，并希望判别器将其误判为真实数据；判别器则努力区分真数据和假数据。随着训练的进行，两者都会逐渐提高它们的能力。

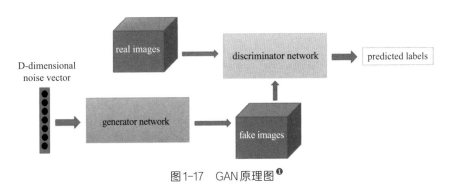

图1-17　GAN原理图 ❶

（dimensional noise vector：维度噪声矢量；generator network：生成器网络；real images：真图；fake images：假图；discriminator network：判别器网络；predicted labels：预测标签）

GAN分类精度与其判别器的损失函数密切相关，它的目标是正确区分真数据和假数据。而生成器的损失函数则与判别器犯错误的频率相关，意味着生成器希望欺骗判别器。理想情况下，GAN的训练应该在生成器产生无法区分的假

---

❶ Goodfellow I J，Pouget A J，Mirza M，et al. Generative Adversarial Networks. arXiv，2014，1406：2661.

数据，当判别器无法确定数据真假时达到平衡。但在实际应用中，找到这种平衡是非常具有挑战性的。训练的稳定性、模型的收敛性都是研究者们面临的问题。

1.3.3 具有创造性的CAN

一直以来，对抗生成网络（GAN）是机器学习领域的一颗明星。它由生成器和判别器两个部分组成，让计算机能够以惊人的方式生成逼真的图像，几乎以假乱真。但在研究者的心里，这个模型的潜力似乎超越了图像生成领域。在深入研究GAN的特性后，一些研究者意识到，这个框架可能不仅仅可以生成图像，还能融入创造性。

2018年，一些独具远见的研究者开始探索，是否可以将GAN的强大能力应用于艺术创作，让计算机开始拥有创造力，在这源于对艺术与技术融合的探索背景下，创造性对抗网络（creative adversarial networks，简称CAN）孕育而生。

CAN的核心思想在于将GAN的生成器和判别器引入到创造性的领域。生成器不再仅仅是生成图像，而是尝试创作全新的艺术作品。判别器则扮演着艺术评论家的角色，评价这些作品的创意和艺术性。这两者之间的交互和竞争形成了一种创造性的"对抗"。

这一创新引起了艺术家、设计师和研究者们的兴趣。人们开始在CAN的框架下进行各种创作，绘画、音乐、文学等领域都受益于这项技术。CAN生成的绘画作品充满了想象力，有时抽象而奇特，有时充满了情感和意境。在音乐领域，CAN创造出的旋律和音乐片段带来了全新的听觉体验。在文学创作中，CAN生成的文本有时令人叹为观止，有时充满了戏剧性。

然而，CAN也面临挑战。创造性和可控性之间的平衡是一个挑战。有时，生成的作品可能太过前卫，难以被普遍理解和欣赏。此外，模型的训练和调整也需要大量的数据和计算资源，以确保生成的作品质量和艺术性。如图1-18所示为基于CAN技术生成的图片。

尽管面临挑战，CAN的潜力依然巨大。它不仅拓展了计算机在创造性领域的应用，还为创意产业带来了新的机遇。CAN的出现，让计算机不再仅限于模仿，而是能够与人类一同创作，催生出一场艺术和科技的美妙融合。这一新时代的到来，不仅改变了我们对于创意和创造力的定义，还为人工智能的未来描绘出了一幅充满创意和想象力的画卷。

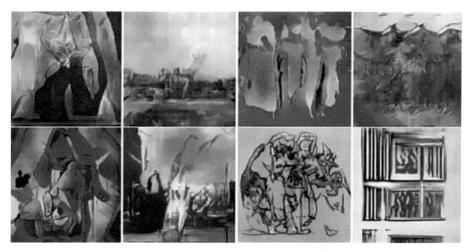

图1-18　基于CAN技术生成的图片 ❶

1.3.4　强化学习与AI绘画

深度强化学习是机器学习领域的一个重要分支，它结合了强化学习（reinforcement learning，简称RL）和深度学习。要理解深度强化学习，首先需要了解强化学习和深度学习的基本概念。深度学习前文已经涉及，这里就不再赘述。

强化学习是一种机器学习范式，涉及一个智能代理（agent）与环境之间的交互。代理根据其行动（actions）从环境中获得奖励（rewards），并试图将长期奖励的总和最大化。这个学习过程通常是通过试验和奖惩来实现的，代理会不断尝试各种行动以找到最佳的策略。强化学习用于解决许多问题，包括机器人控制、游戏玩法优化、资源分配等领域。

深度强化学习将强化学习和深度学习这两个概念结合在一起。它使用深度神经网络来表示代理的策略和值函数，使代理能够处理非常大的输入数据，例如视频游戏中的每个像素。这种结合使代理能够从未经手动工程处理的原始输入数据中学习，并在复杂任务中制定决策。

深度强化学习已经在多个领域得到广泛应用。通过在不同领域应用深度强化学习，我们可以更好地理解和模拟复杂的决策过程，使计算机代理能够在更

---

❶ Elgammal A，Liu B，Elhoseiny M，et al.Can: Creative Adversarial Networks, Generating "Art" by Learning About Styles and Deviating from Style Norms. arXiv preprint arXi，2017，1706：07068.

多任务中表现出色。在机器人技术中，它可以帮助机器人学习导航、物体抓取和任务执行。在视频游戏中，它被用来训练虚拟角色，使其能够玩得更好。在自然语言处理领域，它可用于创建自动问答系统和机器翻译。在医疗保健中，它可以辅助医生进行诊断和治疗规划。在金融领域，它可以用于股票交易策略的优化。

DeepMind SPIRAL 智能体是由 DeepMind 开发的一个深度强化学习模型（Deep reinforcement learning，简称 Deep RL），旨在通过与计算机绘图程序互动，学会生成具有艺术性和创造性的图像。该智能体的发展历程充满了创新和探索。

2018 年，DeepMind 提出了 SPIRAL 智能体的概念[1]。他们设计了一个智能体，与计算机绘图程序互动，以在数位画布上进行绘画。最初，这个智能体并没有固定的创作方式，它的涂鸦缺乏明确的内容和结构。为了改进这一情况，DeepMind 引入了判别器，用于判断智能体生成的图像是否真实。判别器被训练成能够区分是由智能体生成的图像还是真实照片数据集中的图像。智能体的奖励信号取决于其能否欺骗判别器，使其认为生成的图像是真实的。这种方式类似于生成对抗网络（GAN）的方法，但与传统 GAN 不同，DeepMind 的智能体通过与绘画环境互动，通过写图形程序生成图像。

最初的实验中，智能体被训练生成类似于 MNIST 手写数字的图像，但没有数字生成的过程。通过不断尝试生成欺骗判别器的图像，智能体逐渐学会了控制笔触，绘制不同风格的数字。这一技术被称为视觉程序合成（visual program synthesis）。

此外，DeepMind 还训练智能体重现特定图像。在这个任务中，判别器需要判断重现出的图像是否与目标图像一致，智能体的奖励信号与任务难度相关。

SPIRAL 智能体具备可解释性，它可以生成一系列控制模拟画刷动作的步骤。这使得该模型不仅可以在计算机绘图程序中应用所学知识，还可以在其他环境中重现类似的创作，例如在模拟或真实的机械臂上，如图 1-19 所示。这种框架不仅促进了创造性绘画的研究，还展示了人工智能能够从原始感知中找到结构化的表征。

这项研究的意义在于，它展示了智能体可以通过学习绘画程序来生成复杂的图像表征，类似于人类使用工具来创造事物并理解世界。尽管这项研究只是

---

[1] Ganin Y，Kulkarni T，Babuschkin I，et al.Synthesizing Programs for Images Using Reinforced Adversarial Learning. In International Conference on Machine Learning，2018：1666-1675.

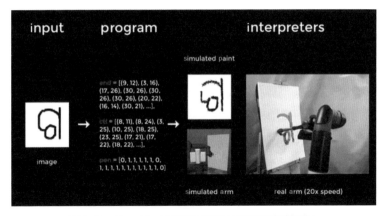

图1-19 DeepMind SPIRAL智能体应用在机械臂上

（input：输入；program：程序；interpreters：解释器；image：图像；
simulated paint：模拟绘画；simulated arm：模拟机器臂；real arm：真实机器臂）

在灵活程序合成方面迈出的一小步，但SPIRAL智能体可以让人工智能拥有类似人类的感知、生成和交流能力，进一步拓展了人工智能的创作和艺术领域的可能性。

旷视科技（Megvii）是一家总部位于中国的人工智能公司，专注于计算机视觉领域的研究和应用。"Learning To Paint"是旷视科技推出的一个项目，该项目的目标是让计算机学会绘画，旨在探索将深度学习技术应用于艺术创作领域。通过训练深度学习模型，使模型能够从一张输入的草图或者简单的线条开始，逐步生成具有艺术性的绘画作品。这项技术涉及计算机视觉、图像生成，以及艺术创作等多个领域的交叉应用。

随着项目的启动，旷视科技首先集结了一支跨领域的研发团队，包括计算机视觉专家、机器学习研究员和艺术创作者。在数据准备阶段，团队收集了大量的艺术作品、绘画样本，以及对应的草图或线条。这些数据将作为训练模型的基础，帮助模型学习从简单的线条到复杂的绘画的转换过程。

接下来，团队开始设计适合绘画生成的深度学习模型。采用深度确定性策略梯度算法（deep deterministic policy gradient，简称DDPG）与演员-评论家（Actor-Critic）框架，投入大量时间和计算资源来进行模型训练。

深度确定性策略梯度是一种强化学习算法，它的主要目标是让AI智能体在面对不同环境时能够学会做出最佳决策。与传统的强化学习不同，DDPG专门用于处理具有连续动作空间的情况，这就像是让计算机学会在无限多个可能动作中选择最好的那一个。

比如，一个游戏角色可以在每一刻做出许多不同的动作，DDPG的任务是教会该角色在每种情况下选择最好的动作。它通过深度神经网络来模拟这个过程，就像是让计算机学会从经验中找出哪个动作对应的奖励最大。DDPG的一个重要特点是，它不仅学会了最佳动作，还学会了如何评估每个动作的好坏。这就像是教会计算机代理如何自主地决定在一个连续的行动范围内选择最佳的行动方式。

这个算法在许多领域有广泛的应用，包括机器人控制、游戏玩法、自然语言处理、计算机视觉、教育、交通、金融和医疗等领域。总的来说，DDPG帮助计算机代理在复杂的环境中更聪明地做出决策，这对于解决各种现实世界的问题非常有用。

Actor-Critic方法也是一种强化学习技术，旨在解决智能代理在环境中学习和改进决策策略的问题。这一方法将学习过程分为两个关键组件：Actor（演员）和Critic（评论家）。

Actor是代理的决策制定者，它的任务是选择在给定环境状态下采取的动作。Actor试图学习最佳策略，以使长期奖励最大化。通常，Actor使用参数化的策略函数，例如神经网络，将状态映射到可选动作的概率分布。通过使用策略梯度方法，Actor根据反馈信号不断改进策略。

Critic是一个评估者，它的任务是估计Actor采取某种策略时可以获得的长期奖励。Critic使用值函数来评估策略的性能，可以是状态值函数（V函数）或状态-动作值函数（Q函数）。通过时序差分（temporal difference，简称TD）等方法，Critic学习如何评估策略的好坏。

Actor-Critic方法的工作原理如下：Agent（代理）与环境互动，观察当前状态，然后使用Actor选择一个动作，代理执行该动作，与环境互动，获得奖励和下一个状态。Critic使用TD误差来更新值函数，以评估Actor的策略。Actor使用策略梯度方法来更新策略，以使长期奖励最大化。

训练过程中，模型逐渐学会了如何用简单的线条或草图生成逼真的艺术画作。在经过反复迭代和优化后，"Learning To Paint"项目终于取得了令人满意的成果。团队成功地实现了从草图到绘画的自动生成，模型能够根据输入的线条和草图生成精美的艺术作品。

项目的应用范围也逐渐扩展，从最初的艺术创作延伸到了设计领域、媒体制作和数字娱乐等多个领域。通过"Learning To Paint"，旷视科技不仅在技术层面上取得了突破，还将AI与艺术的结合带入了现实生活。图1-20为旷视科技

Learning To Paint技术生成的图片。

MNIST[14]　　　SVHN[15]　　　CelebA[16]　　　ImageNet[17]

图1-20　旷视科技Learning To Paint技术生成的图片

　　然而，也有人对这种技术表示担忧，担心机器生成的艺术作品是否会取代人类艺术家的创作。因此，这个项目也引发了关于人机关系、创造性和艺术创作价值的深入讨论。总体来说，"Learning To Paint"项目代表了旷视科技在人工智能创新领域的尝试，将AI技术与艺术创作相结合，为数字时代带来了新的视觉和审美体验。

1.3.5　扩散模型与AI绘画

　　在人工智能和机器学习的广袤领域，总有一些关键的时刻能够引发重大的变革。2015年，正是这样一个时刻，一个全新的生成模型悄然出现，它不仅为图像合成和数据生成开辟了新的可能性，还在诸多领域引发了深远的影响，这就是扩散模型（Diffusion Model）。如图1-21是基于Diffusion Models技术生成的图片。

大脑乘着火箭飞向月球。　　三只玻璃球落入海洋。　　一只在大理石唱片机　　一只外星章鱼漂浮在
　　　　　　　　　　　　水花四溅。太阳落山。　　前打碟的大理石考拉　　传送门中阅读报纸。
　　　　　　　　　　　　　　　　　　　　　　　DJ雕像，它戴着一副
　　　　　　　　　　　　　　　　　　　　　　　大理石耳机。

图1-21　基于Diffusion Models技术生成的图片

Diffusion Models借鉴了自然界中的扩散过程，研究者们将其转化为算法，用于生成各种类型的数据，尤其是图像。Diffusion Models的核心概念是模拟扩散过程，就像颗粒在溶液中自由移动一样，图像的像素也仿佛在一定规则下进行微小的扩散，如图1-22所示。

图1-22　水中扩散的像素

首先，一张图像被视为一个颗粒集合，这些颗粒开始紧密地聚集在一起，然后，随着时间的推移，这些颗粒会逐渐扩散，像素之间的关联性逐渐减弱，直至整张图像变得模糊。这个过程不仅模拟了物理上的扩散，还能够逐渐生成一张完整的图像，就像拼图一样，从零碎的颗粒逐渐形成完整的图景。

Diffusion Models通过一个逐渐变化的步骤，让计算机逐步构建出图像的每个像素。这种方法的精妙之处在于，模型可以在任何步骤中生成图像的部分内容，这为增量式生成和编辑图像提供了新的可能性。这种精细的控制方式为图像编辑、风格转换等任务提供了强有力的工具。图1-23为扩散模型原理图。

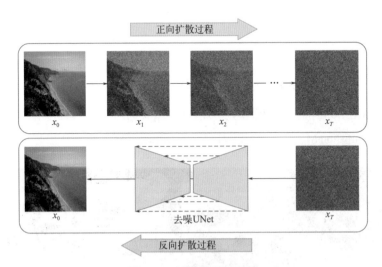

图1-23　扩散模型原理图

随着时间的推移，Diffusion Models不仅在生成图像领域获得了广泛应用，还扩展到了其他领域，如自然语言处理、分子设计等。生成高质量的图像、优化分子结构等问题都受益于扩散思想的引入。

然而，与任何新技术一样，Diffusion Models 也面临着挑战和限制。在初期阶段，训练这些模型可能需要大量的计算资源和时间，因此，效率仍然是一个值得思考的问题。此外，如何更好地控制生成过程，以及如何在不同任务中灵活应用，也需要进一步研究。

总体来说，Diffusion Models 的出现和发展是生成模型领域的一个重要里程碑。它们通过借鉴物理学中的概念，为生成样本带来了全新的方法。尽管在其发展历程中还有待克服的难题，但其潜力和创新性已经引发了研究者们广泛的兴趣，为未来的机器学习研究和应用带来了新的可能性。它不仅仅是一种技术，更是一个创新的突破，引导着人工智能走向更加智能和创造性的未来。

扩散模型作为一种较为灵活的模型，可以拟合数据中的任意结构，但从这些模型中评估、训练或采样通常很复杂。这主要是因为扩散模型依赖于长马尔可夫扩散步骤链来生成样本，因此在时间和计算方面的成本可能非常昂贵。虽然已经有学者提出了新的方法来使该过程更快，但采样过程仍然比 GAN 慢，这极大地限制了 Diffusion Model 的实际应用。

2022 年，来自德国慕尼黑大学机器视觉与学习研究小组的罗宾·罗巴赫（Robin Rombach）在 CVPR2022 上发表了潜在扩散模型（Latent Diffusion）❶。Latent Diffusion 模型运用在一个潜在表示空间内，以不断迭代"去噪"数据的方式来生成图像，然后将这些表示结果解码成完整的图像。这种方法使得文本到图像的生成能够在普通消费级 GPU 上在短短的 10 秒内完成，极大地降低了技术应用的难度，也为文本到图像生成领域带来了巨大的发展。

Latent Diffusion 模型结合了扩散过程和概率生成模型，旨在通过迭代扩散和反向建模来生成高质量的图像。其核心思想是将图片映射到潜在空间（latent space）后进行扩散和逆扩散学习。图 1-24 为 Latent Diffusion 模型原理图。

如何理解"潜在空间"呢？举个例子来说，大家都有自己的身份证号码，前6 位代表地区、中间 8 位代表生日、后 4 位代表个人其他信息，由身份证信息组成的空间就可以理解为"潜在空间"。每个人可以对应为这个空间的一个点，地区和位置相近的人对应的身份证号码相近，对应的在潜在空间上面的位置也相近。

---

❶ Rombach R，Blattmann A，Lorenz D，et al.High-Resolution Image Synthesis with Latent Diffusion Models. In Proceedings of the IEEE/CVF Conference on Computer Vision and Pattern Recognition，2022: 10684-10695.

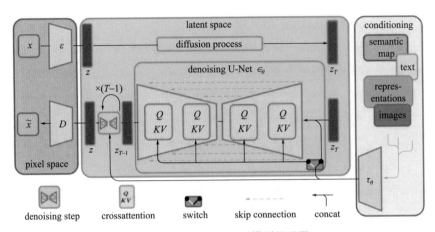

图1-24　Latent Diffusion 模型原理图

（pixel space：像素空间；latent space：潜在空间；diffusion process：扩散过程；denoising：降噪；
denoising step：降噪步骤；crossattention：交叉注意；switch：开关；skip connection：跳过连接；
conditioning：调节；semantic map：语义地图；text：文本；representations：描述；images：图像）

　　AI就是通过学习找到了一个图片潜在空间，每张图片都可以对应到其中一个点，相近的两个点可能就是内容、风格相似的图片。同时这个"潜在空间"的维度远小于"像素维度"，AI处理起来会更加得心应手，在保持效果相同甚至更好的情况下，潜在扩散模型对算力、显卡性能的要求显著降低，这极大地推动了AI绘画的应用。

AI绘画迎来
AIGC时代

2.1 AI绘画迎来多模态

2.1.1 从文本描述到图像

图像生成领域一直是人工智能研究的重要领域之一。如今，图像生成技术已经在某种程度上达到了惊人的逼真程度，然而，利用这些技术按照特定要求生成图像仍然存在挑战。为了解决这个问题，研究者们将目光投向了从文本描述生成图像的方向，这便是所谓的"Text2Image"。

Text2Image，即根据给定的文本描述生成高质量的图像，是一项极具挑战性的任务。相较于传统的图像生成方法，Text2Image需要从更加有限的输入信息（文本）中产生更为复杂的图像，这可以看作是机器学习中的一项生成任务，其复杂程度超越了判别任务，因为生成模型需要从相对较少的信息中生成更为丰富的内容，比如包含细节和多样性的图像。

在图像生成领域，生成对抗网络（GAN）曾经一度是备受关注的技术，它通过生成器和判别器之间的博弈来生成逼真的图像。随着技术的进步，越来越多基于GAN的Text2Image方法被提出，这些方法不仅可以生成图像，还可以根据文本描述进行定制。

2021年1月，OpenAI发布了两个连接文本与图像的重要神经网络模型，分别是DALL·E和CLIP。CLIP通过对比学习，从大规模的图文数据中训练得到，可以提取文本和图像之间的特征关系，实现了跨模态的匹配。这意味着，CLIP能够将文本描述与图像联系起来，将文字"猫"与猫的图像相关联，并且具有丰富的特征表达能力。

DALL·E和CLIP的出现代表着深度学习领域迈向了更广泛的多模态应用。多模态系统的概念是人工智能领域的重要发展方向，它们旨在打破传统的领域界限，将不同的感知方式（如文本、图像、音频）结合起来，使人工智能系统更具全面性和综合性。

就像人类在感知和理解世界时使用多个感官一样，多模态系统也可以从不同的数据源中获取信息，综合各种感知方式，以更全面的方式理解和处理信息。这种综合性，使得多模态系统在解决实际问题时更加强大和灵活。多模态学习不仅可以改善自然语言处理和计算机视觉领域的性能，还可以为其他领域带来新的机会和挑战。

随后的2022年2月，由一群社区工程师制作的AI图像生成器Disco Diffusion（DD）问世。这个生成器能够理解输入的文本描述、风格和视角，并以更为华丽的方式生成图像。不久之后，一名为Midjourney的产品出现，用户可以通过输入描述文本，在Discord上生成图像。

Text2Image技术的发展正在逐渐影响创意产业，如艺术、影视、广告等领域。它已经开始成为从业者的强大助手，可以提高创作效率，降低时间和经济成本。然而，随着技术的应用，也带来了一些问题，包括版权和合规性等方面的挑战，这需要进一步地通过法律和道德规范来加以引导和解决。

2.1.2　DALL·E与CLIP模型

DALL·E是由OpenAI开发的一个创新性图像生成模型，它可以根据给定的文本描述生成对应的图像。2021年1月，OpenAI发布了DALL·E 1.0模型。这个模型的概念是基于之前的图像生成模型，但DALL·E的创新之处在于它可以从文本描述中生成高度创意和多样化的图像。DALL·E这个名称汲取了超现实主义艺术家萨尔瓦多·达利（Salvador Dali）的名字和皮克斯与迪士尼制作的CG动画电影中著名的机器人WALL·E的灵感。

DALL·E的训练基于大规模的文本-图像对数据集。与传统的图像生成模型不同，DALL·E的目标是将文本与图像之间的联系进行深度学习，从而能够在给定文本输入时生成相应的图像。DALL·E模型使用了一个编码器-解码器架构，其中编码器将文本转换为文本嵌入，而解码器将文本嵌入转换为图像。在训练过程中，模型学会将文本嵌入和视觉嵌入相匹配，以便能够在推理时从文本嵌入生成合适的图像。

OpenAI在发布DALL·E时，展示了一些引人注目的创意图像生成例子，这些例子显示了DALL·E模型在生成与文本描述相关的图像方面的能力，如"一个西瓜变成了一只海龟"等。尽管DALL·E能够生成独特的图像，但它也存在一些限制和挑战。例如，生成的图像可能会受到模型的训练数据和文本描述的限制，导致一些生成的图像可能不符合直观的预期。

DALL·E的发布引发了研究者们广泛的兴趣，许多研究者开始探索如何改进模型的生成效果、多样性和一致性。

2022年4月，OpenAI进一步改进了DALL·E模型，发布了DALL·E 2.0。DALL·E 2.0引人注目的特点之一是其惊人的创造性图像生成能力。例如，它可以以自然的方式生成如"骑在马上的宇航员""科学家熊猫""弗美尔风格的水獭"等不存在于现实中的场景。这展示了AI绘画的非凡想象力和图像创作技能。此外，DALL·E 2.0还擅长根据用户提供的提示生成图像，使其能够按照用户的需求创作图像。更令人印象深刻的是，它具有出色的图像编辑功能，用户可以轻松添加或删除图像中的对象，调整图像的风格和构图等，使其成为一个强大的创意工具。这一创新的AI技术为创作者、设计师和艺术家提供了全新的方式来表达他们的创意，并在图像生成领域掀起了一股新的浪潮。DALL·E 2.0的问世，标志着AI在创意和艺术领域崭露头角，为未来的图像生成和创造性表达提供了更广阔的可能性。

2023年9月，DALL·E 3.0发布，OpenAI表示DALL·E 3.0比以往系统更能理解细微差别和细节，让用户更加轻松地将自己的想法转化为非常准确的图像。DALL·E 3.0集成了ChatGPT，不仅能够生成更高质量的图像，还能更准确地反映提示内容。在DALL·E 2.0中，经常会出现由于忽略特定措辞而导致错误的情况。对此，OpenAI表示，DALL·E 3.0能够更好地理解上下文，并且在处理较长的提示时表现更出色。此外，它还能更好地处理一直以来困扰图像生成模型的内容，如文本和人物特征。图2-1为基于DALL·E技术生成的图像。

图2-1　基于DALL·E技术生成的图像

DALL·E 3.0模型改变了人与AI交互的方式。现在，人们只需向ChatGPT提出问题或者明确希望看到的内容，ChatGPT将生成特别为DALL·E 3.0定制的详细提示，以满足用户的需求。这一变化降低了使用AI进行艺术创作所需的复杂提示语的门槛，不仅对于DALL·E 3.0是一大进步，对于整个生成型人工智能艺术领域也是如此。

2021年1月，OpenAI团队发布了一款名为CLIP（contrastive language-image pre-training）的深度学习模型，标志着图像分类领域的一次重大突破。CLIP的独特之处在于它将自然语言理解和计算机视觉分析相结合，旨在实现通用的图像分类能力。图2-2为CLIP模型结构。

(1) 对比预训练

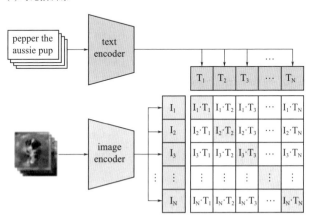

(2) 从标签文本创建数据集分类器

(3) 用于零样本预测

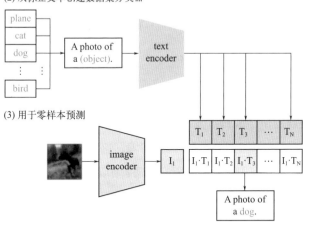

图 2-2 CLIP 模型结构[1]

（text encoder：文本编码器；image encoder：图像编码器）

CLIP的训练过程是一个复杂的双重任务，即同时进行自然语言和图像理解的训练。它的训练数据集包含了已标注的"文本-图像"对，通过不断调整两个

[1] Radford A, Kim J W, Hallacy C, et al. Learning Transferable Visual Models from Natural Language Supervision[C]//International Conference on Machine Learning. PMLR, 2021: 8748-8763.

内部模型的参数，使得这两个模型分别输出的文本特征和图像特征能够简单验证并相互匹配。

CLIP的最大创新之处在于它的训练数据量。以往的"文本-图像"匹配模型使用有限的标注数据，但CLIP巧妙地利用互联网上广泛散布的带有图像描述的图片。这些图片自带各种文本信息，比如标题、注释和标签，为模型提供了可用的训练样本，从而避免了昂贵的人工标注成本。

CLIP的功能强大且多样，虽然最初看起来与艺术创作无关。然而，一些机器学习工程师迅速认识到CLIP的潜力，可以将其应用于更广泛的领域。其中一个创意是将CLIP与其他AI模型结合，以创建一个AI图像生成器。Ryan Murdock便尝试将CLIP与BigGAN相结合，从而实现了这一目标，将其发布为Colab笔记本"The Big Sleep"。

此后，一位名为RiversHaveWings的玩家将CLIP与VQGAN结合，通过发布版本和教程，引起了广泛关注。这个玩家正是计算机数据科学家Katherine Crowson，后来变得广为人知。

总体而言，CLIP的发展过程充分展示了深度学习在图像和文本之间的强大连接能力，为不同领域的创新应用提供了新的思路。从原本的图像分类到艺术创作，CLIP为人工智能的发展带来了更广阔的前景。

2.1.3　模型训练的基石：数据集

图像数据集在训练模型方面发挥着至关重要的作用，它们为深度学习和多模态模型的发展提供了关键的支持。图像数据集通常包含大量的图像样本，这些样本涵盖了各种不同的场景、对象和情境。这种海量的数据对于训练模型来说至关重要，因为它可以帮助模型更好地理解和泛化不同的视觉信息。

没有高质量的数据集，神经网络的训练将面临极大的困难。数据是深度学习和神经网络的基石，正如巧妇难为无米之炊，缺乏数据将使模型无法获得足够的信息和经验。同时，开放数据集的共享也鼓励了研究社区的协作，帮助推动了人工智能领域的创新。因此，数据集的创建和维护是深度学习领域中不可或缺的一部分。

ImageNet是一个庞大的图像数据库，起初用于图像识别的训练和评估，随着其规模扩大，逐渐对计算机视觉和深度学习领域的发展产生了深远影响。

ImageNet的发展始于2007年，由斯坦福大学的李飞飞教授领导，最初的目标是收集一个包含不同物体和场景的大规模图像数据库，以推动图像识别领域的发展。当时，他的团队创建了一个名为"ImageNet large scale visual recognition challenge"（ImageNet 大规模视觉识别挑战赛）的比赛，旨在促进计算机视觉领域的研究和发展。该比赛的核心是使用图像数据集进行图像分类任务，其中包含数百万张图像和数千个类别。

2009 年，ImageNet 团队发布了第一个版本，其中包含了约 2.2 万个类别、超过 100 万张图片的数据集，该数据集被称为 ImageNet 数据集（ImageNet dataset）。这使得研究人员能够在更大规模的数据上训练和测试深度学习模型，推动了计算机视觉和深度学习领域的研究。随着深度学习技术的快速发展，ImageNet 数据集成为许多深度卷积神经网络（CNN）模型的基准，如 AlexNet、VGG、GoogLeNet 和 ResNet 等。这些模型的性能大幅提升，使得图像分类、物体检测和图像分割等任务取得了突破性的进展。图 2-3 为 ImageNet 数据库。

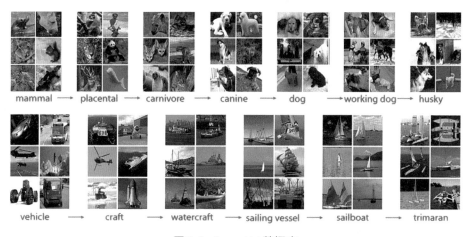

图 2-3　ImageNet 数据库

（mammal：哺乳动物；placental：有胎盘哺乳动物；carnivore：肉食动物；canine：犬科动物；dog：狗；
working dog：工作犬；husky：哈士奇；vehicle：车辆；craft：飞行器；watercraft：船舶；
sailing vessel：帆船；sailboat：比赛帆船；trimaran：三体帆船）

2010 年，ImageNet 赛事中开始出现了 ImageNet 图像分类挑战，它成了计算机视觉领域最著名的竞赛之一。这个挑战涉及了大规模图像数据集上的图像分类任务，吸引了全球众多研究者的参与。2012 年，由 Geoffrey Hinton 领导的团队使用深度卷积神经网络（CNN）在 ImageNet 上取得了显著的胜利，这标志着深度学习在计算机视觉领域的崛起。2014 年，ImageNet 发布了一个更大的版本，称为 ImageNet large scale visual recognition challenge 2014（ILSVRC2014），其中包含超过150万张图像和1000个类别。这个数据集继续推动了深度学习模型的发展。

ImageNet不仅仅在图像分类任务上有影响，它还推动了其他计算机视觉任务的发展，如目标检测、图像分割和图像生成等。研究者们开始利用深度学习技术来解决更复杂的视觉问题，并在ImageNet的基础上构建了更大规模的数据集，推动了整个计算机视觉领域的进步。

ImageNet在计算机视觉领域取得了巨大成功，但随着时间的推移，人们逐渐认识到其中存在的一些问题，如标注错误、样本偏见等。尽管如此，ImageNet仍然为深度学习的发展起到了至关重要的作用，它不仅推动了算法的进步，也促使了更广泛的讨论，以解决深度学习领域中面临的诸多挑战。

随着多模态模型的崛起，图像数据集也在多模态训练中发挥着重要作用。数据集为训练多模态模型提供了宝贵的数据，帮助这些模型更好地理解文本和图像之间的关联。这将推动多模态AI技术的发展，创造更多的创新应用。

在CLIP和DALLE等模型崭露头角后，人们开始意识到大规模多模态数据的价值，即使不需要手动标注，也能在很多任务上超越优秀的有监督模型。LAION数据集的发展经历了一系列重要的阶段，始于对大规模多模态数据的认知，逐步演变为一个能够为多领域研究提供丰富数据支持的公共资源。

CLIP模型本身使用了庞大的图文对数据，但这些数据集并没有公开，限制了领域研究的发展。在此背景下，LAION-400M于2021年8月发布，成为首个公开的大规模图文数据集，其中包含4亿个图像文本对样本。对于训练强大的多模态模型，这种大规模数据是不可或缺的。通常来说，构建这种级别的数据集是一项巨大的挑战，需要大量的时间和资源。LAION-400M数据集的出现填补了这一需求。

LAION-400M的数据来源于Common Crawl，通过提取2014 ~ 2021年的网络页面中的图片和文本内容。使用OpenAI的CLIP计算，数据集筛选掉了文本和图像嵌入之间相似度低于0.3的内容，最终形成了一个经过初步筛选的数据集。LAION-400M经过CLIP过滤，因此数据质量相对较高。过滤确保了数据集中的图像和文本是相关的，这对于训练模型更好地理解和关联视觉与文本信息非常有帮助。

随着对数据集需求的不断增长，LAION团队在2023年发布了LAION-5B，它是LAION-400M的14倍大小，包含58.5亿个CLIP过滤的图像 - 文本对的数据集，为多领域的多模态研究提供了更大规模的公共数据资源，促使更多研究者参与其中。

与以往的人工注释生成的数据集相比，LAION 数据集采用了更智能的方式获取图文对。它充分利用了互联网上的图片和文本描述，通过对网页中的图片和文本内容提取和匹配，构建了一个庞大的多模态数据集。LAION-5B 在规模上进一步扩大，同时还引入了一些模型进行数据过滤，以提供更干净、更适用于研究的数据子集。

LAION 数据集的发展过程展示了对大规模多模态数据的认知和需求，从而为多领域的多模态研究提供了强有力的支持。它不仅扩展了数据集的规模，还为研究者提供了更多样化的数据资源，推动了多模态预训练模型领域的发展。

2.1.4 Transformer——深度学习的新宠儿

在前面介绍 DALL·E 与 CLIP 模型时，它们有一个共同的特点，都涉及了 Transformer 模型。Transformer 模型作为自然语言处理领域的一项重大突破，其发展历程充满了精彩的里程碑。从最初的概念到今天的广泛应用，Transformer 经历了多个阶段的发展和完善。

2017 年，Google 的研究人员提出了 Transformer 模型的基本概念[1]。这个模型的核心创新在于自注意力机制，通过让输入序列中不同位置的单词之间建立权重联系，实现了更有效的上下文编码。这种全新的架构彻底抛弃了传统的循环神经网络（RNN）和卷积神经网络（CNN），极大地提升了并行计算的能力，使得模型训练速度大幅提升。

随着论文的发布，Transformer 模型迅速引起了学术界和工业界的关注。Transformer 模型通过引入自注意力机制、多头注意力机制等创新技术，克服了传统序列模型的局限性，显著提升了序列数据的处理能力。

为了提高模型的表达能力，Transformer 引入了多头注意力机制。在每个自注意力子层中，会并行多个不同的自注意力计算，每个自注意力计算称为一个头（Head）。多头注意力机制允许模型以多种方式关注不同的上下文信息，从而更好地捕捉序列中的特征。

---

[1] Vaswani A，Shazeer N，Parmar N，et al. Attention is All You Need. Advances in Neural Information Processing Systems，2017：30.

Transformer没有像循环神经网络（RNN）一样具有显式的顺序信息，因此需要一种方式来表达输入序列中不同位置的信息。为此，Transformer引入了位置编码，将位置信息嵌入到输入向量中。位置编码通过一组固定的向量来表示不同位置，然后将位置编码向量与输入向量相加，以保留位置信息。

接下来的几年，研究者们对Transformer进行了不断的改进和优化。BERT（bidirectional encoder representations from transformers）模型在2018年提出，通过双向训练捕捉上下文信息，大大提升了预训练模型在下游任务上的性能。此后，GPT（generative pretrained transformer）系列模型由OpenAI发布，采用了单向自注意力机制，可以生成流畅的文本。这一系列模型的成功使得Transformer在自然语言生成任务中大放异彩。

2020年，一系列变种的Transformer模型涌现出来。T5（text-to-text transfer transformer）模型将所有任务都转化为文本到文本的任务，统一了模型的架构，简化了实现过程。同时，DeiT（data-efficient image transformer）模型将Transformer成功应用于计算机视觉领域，进一步扩展了它的应用范围。

除了自然语言处理和计算机视觉领域，Transformer模型也在其他领域获得了广泛应用。在推荐系统中，它被用来建模用户和商品之间的关系；在语音识别中，它被用来处理声音序列；在药物发现领域，它被用来预测化合物的属性。这些应用表明，Transformer模型已经成为一个通用的框架，可以在不同领域解决各种问题，如图2-4所示。

总的来说，Transformer模型的发展历程充满了创新和突破。从最初的自注意力机制到后来的各种变种，Transformer模型在自然语言处理、计算机视觉和其他领域取得了重大成就，为人工智能的发展做出了巨大贡献。无论是模型架构还是训练技术，Transformer模型都在不断演进，为AI技术的前进打开了新的大门。

2.1.5 GPT模型进化论

GPT，即生成型预训练变换模型（generative pre-trained transformer），是一系列自然语言处理模型，其发展过程充满了创新、突破和影响。有关自然语言处理的研究最早可以追溯到20世纪50年代，当时已有学者提出了基于知识和规则的推理。

随着20世纪80年代机器学习技术的发展，以及之后如RNN、GAN框架的

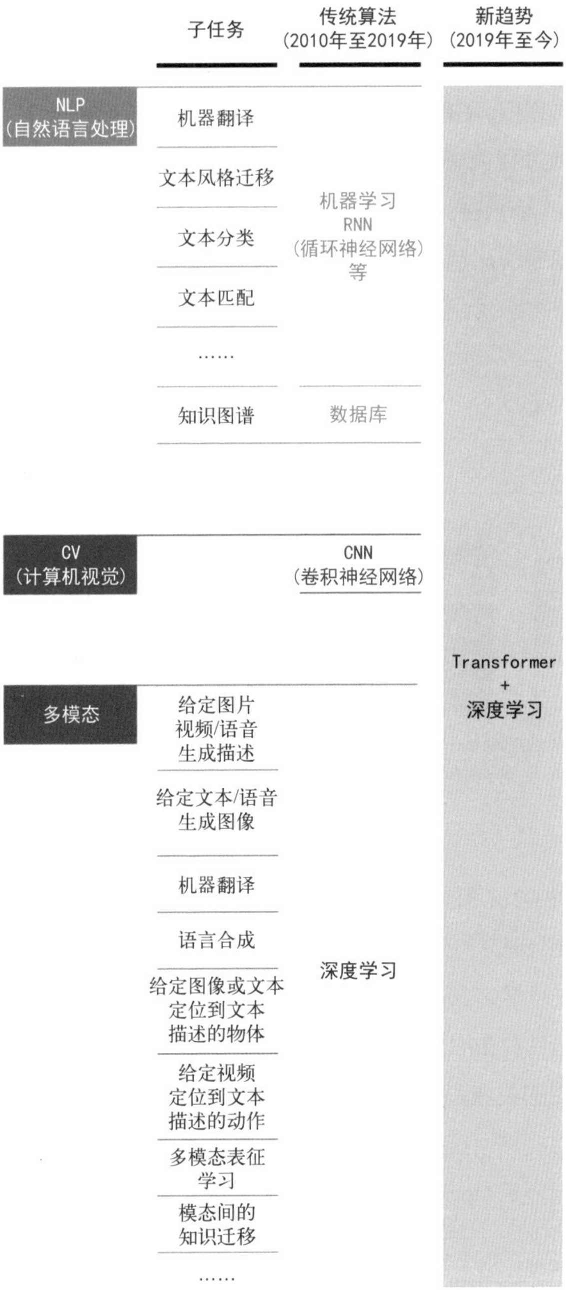

子任务	传统算法 （2010年至2019年）	新趋势 （2019年至今）

NLP（自然语言处理）

机器翻译

文本风格迁移

文本分类　　机器学习 RNN（循环神经网络）等

文本匹配

……

知识图谱　　数据库

CV（计算机视觉）　　CNN（卷积神经网络）

Transformer + 深度学习

多模态

给定图片视频/语音生成描述

给定文本/语音生成图像

机器翻译

语言合成　　深度学习

给定图像或文本定位到文本描述的物体

给定视频定位到文本描述的动作

多模态表征学习

模态间的知识迁移

……

图2-4　Transformer提出前后深度学习细分领域对比 ❶

---

❶ 吴海洋. 中国公司的追赶之旅. 第一财经杂志，2023：04.

出现，自然语言处理技术快速发展。2017年，Transformer模型的提出为自然语言处理技术提供了新的技术基础。

2018年，OpenAI在Transformer模型的启发下，发布了GPT-1，这标志着GPT模型的首次亮相。GPT-1，全称为"生成式预训练转换器1"，拥有1.17亿个参数。它尝试通过在大量文本数据上进行无监督的预训练来学习语言模式。然而，由于模型规模的限制，GPT-1在复杂任务上的表现有限。它在生成文章、段落和句子等方面表现出色，但在理解和推理方面还有进一步的发展空间。图2-5为ChatGPT的技术路线。

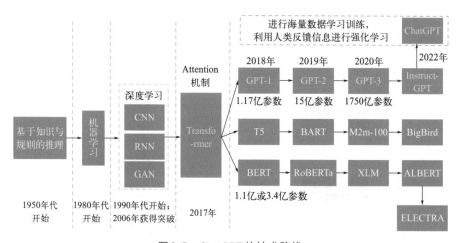

图2-5　ChatGPT 的技术路线

2019年，GPT-2亮相。这一版本的GPT在模型规模上迈出了巨大的一步，参数规模从1.5亿到15亿个不等。GPT-2的预训练任务与GPT-1相似，都是通过大规模的文本数据进行学习。GPT-2在生成文本方面取得了显著进步，能够生成连贯、通顺的文章，但其发布时担忧其被用于生成虚假信息和误导性内容，GPT-2引起了研究者们广泛的关注和争议。由于其强大的生成能力，OpenAI最初选择不全面发布模型，担心其可能被用于生成虚假信息。这一决策引发了关于AI伦理和责任的讨论，但随后OpenAI决定逐步放开限制，使GPT-2更广泛地用于研究和应用。

2020年，GPT-3问世，以其庞大的参数规模（1750亿个参数）和强大的生成能力吸引了世界的目光。GPT-3在生成文本方面取得了巨大的突破，能够生成高质量、连贯且具有逻辑性的文章、对话等。与以往版本相比，GPT-3更加注重零样本学习，即在没有见过示例的情况下执行任务，表现出惊人的适应能力。

OpenAI 还开放了 GPT-3 的 API，使开发者能够将其嵌入到自己的应用程序中。

2022 年 11 月，OpenAI 推出人工智能聊天原型 ChatGPT，再次赚足眼球。据报道，ChatGPT 在开放试用的短短几天，就吸引了超过 100 万互联网注册用户，并且在社交网络上流传出各种询问或调戏 ChatGPT 的有趣对话。甚至有人将 ChatGPT 比喻为"搜索引擎 + 社交软件"的结合体，能够在实时互动的过程中获得问题的合理答案。

2023 年 3 月发布的 GPT-4 是 OpenAI 创建的多模态大型语言模型，是 GPT 基础模型系列的第四代。OpenAI 表示，GPT-4 比 GPT-3.5 更可靠、更有创造性，能够处理比 GPT-3.5 更丰富的指令。与以前的版本不同，GPT-4 是一个多模态模型：它可以接受文本和图像作为输入。

根据 2023 年《自然》杂志的一篇文章，程序员发现 GPT-4 在协助编程任务中非常有用（尽管它容易出错），例如它可以查找代码中的错误并建议优化以提高性能。该文章引用了一位生物物理学家的话，他发现将自己的一个程序从 MATLAB 移植到 Python 所需的时间从几天减少到"一个小时左右"[1]。

随着 GPT 模型的不断进化，自然语言处理领域的技术和应用也在不断拓展。从 GPT-1 的初试牛刀，到 GPT-2 的引发争议，再到 ChatGPT 和 GPT-4 的惊人表现，每一代 GPT 都在推动人工智能和自然语言处理的前沿。

值得注意的是，我们可以从图 2-5 中看到，除了 GPT 模型是从 Transformer 衍生而来，还有其他的支线。

例如，基于 Transformer 架构的 BERT 和 GPT 模型都是自然语言处理领域的重要模型，但它们在原理和应用上存在一些关键的不同之处。

① 方向和任务。BERT 是一种双向的模型，它能够同时处理上下文中的所有词汇，从而更好地理解语言的语境。BERT 的主要任务是通过预训练学习来深入理解文本，例如"掩码语言建模"（masked language model，MLM）和"下一个句子预测"（next sentence prediction，NSP）。

GPT 则是一个单向的模型，它从左到右顺序生成文本。这使得 GPT 在生成自然文本方面非常出色。GPT 的主要任务是通过预训练学习来生成文本，通常采用单一的语言建模任务。

② 架构和层级。BERT 采用编码器 - 编码器架构，包括多层的 Transformer 编

[1] Perkel J M.Six Tips for Better Coding with ChatGPT. Nature，2023，618（7964）: 422-423.

码器，这些编码器用于学习文本特征。BERT的双向结构使其能够更好地捕捉词语间的关系。

GPT采用解码器架构，包括多层的Transformer解码器。每个层都用于生成下一个词语，并在生成文本时依赖于先前生成的词语。

③ 预训练任务。BERT的预训练任务包括MLM和NSP。MLM要求模型预测输入文本中的一些词语，而NSP要求模型判断两个句子是否连贯。这些任务有助于BERT模型理解语言的双向关系。

GPT通常使用单一的语言建模任务，其中模型根据前面的词语预测下一个词语。这使GPT擅长生成自然文本。

④ 应用领域。BERT在各种自然语言处理任务中表现出色，包括文本分类、命名实体识别、问答系统等。它主要用于有监督学习任务，因为它能够深入理解文本的双向信息。

GPT的主要应用是生成文本，如文本生成、自动摘要、对话生成等。它在生成任务中表现卓越，通常用于无监督或弱监督的文本生成。

总之，BERT和GPT都是基于Transformer的重要自然语言处理模型，它们在任务导向、模型结构和应用领域上存在明显的差异。选择使用哪种模型，取决于任务的性质以及所需的文本处理能力。

2.2 AI绘画大模型

2.2.1 Stable Diffusion

2022年8月，Stable Diffusion正式开源，号称最强文本生成图片模型。它的算法基于潜在扩散模型（latent diffusion model，LDM）的理念，这一概念最早在2021年12月提出，而其技术起源于2015年Google提出的扩散模型（diffusion model，DM），该模型构建在Google的Transformer模型之上。具体而言，这个想法最初受慕尼黑大学机器视觉学习组CompVis团队的成员编写的论文启发，不过它的实现得到了AI视频剪辑技术初创公司Runway的专业支持，最终在初创公司StabilityAI的资金投入下，在市场上得以推广。Stable Diffusion的核心技术则源自AI视频剪辑技术初创公司Runway的Patrick Esser，以及慕尼黑大学机器视觉学习组的Robin Romabach。这两位开发者此前曾合作撰写关于潜在扩散模型的研究，这项研究的基础技术成为了Stable Diffusion的重要组成部分。

Stable Diffusion在运行时以一种新颖的方式将图像生成过程分为"扩散"阶段，起始于包含噪声的情况，通过根据CLIP模型对图像和文本相关性的打分，逐步改进图像，直至噪声完全消失，这样逐渐实现了与提供的文本描述相符的图像。Stable Diffusion在极短的时间内就能生成高清晰度、高还原度及多样风格的图像，它最显著的突破之一是其开源代码对任何人免费开放。

与诸如DALL·E等大型模型相比，Stable Diffusion在消费级显卡的基础上能够迅速实现文图生成，这在用户层面取得了极大成功。Stable Diffusion完全开源，其所有代码都公开在GitHub上，每个人都可以自由使用和改进。现阶段，Stable Diffusion已经吸引了超过20万开发者的下载和使用，各个渠道的日活跃用户更是超过1000万。并且面向普通消费者的DreamStudio已经拥有超过150万的用户，生成了超过1.7亿张图片。然而，与此同时，Stable Diffusion的惊艳艺术风格，以及涉及的版权和法律问题，也引发了广泛的讨论与争议。图2-6为Stable Diffusion生成的图。

图2-6　Stable Diffusion生成的图

然而，截至目前，Stable Diffusion仍存在着两个主要问题：首先，需要输入非常长的提示词来进行生成；其次，对于人体结构的处理不够准确，导致在生成图像中经常出现动作和人体结构异常的情况。2023年4月，StabilityAI发布了Beta版本的Stable Diffusion XL，并承诺在训练参数稳定之后会开源该版本，并且也在这个版本中改善了上述提到的两个问题。

2.2.2　Midjourney

Midjourney是由Midjourney研究实验室开发的一款基于人工智能技术的绘画软件。它通过深度学习算法，能够根据文本描述生成图像，目前主要在Discord频道上提供服务。该软件于2022年7月12日进入公开测试阶段，用户可以通过Discord的机器人指令来操作，创作出各种风格的图像作品。

这款软件的核心特点在于，它可以根据用户提供的文本描述，生成具有独特风格的图像作品。通过对大量绘画作品的学习，Midjourney能够理解各种不同的绘画风格和技巧，从而辅助用户轻松创作出具有个性化风格的作品。无论是插画、漫画还是油画等领域，专业画家或绘画爱好者都可以在Midjourney中找到适合自己创作方式的平台。

Midjourney提供了多种生成图片的方式，主要包括以下三种：

① 文字生成图片。用户可以在输入框中描述图片场景的关键词，AI会根据描述生成相应的绘画作品。

② 图片生成图片。用户可以上传一张特定风格的图片，并提供描述关键词，AI将生成与该风格相似的新图片。

③ 混合图片生成图片。用户可以输入多张图片，让AI进行混合，生成一张融合了多个图片风格的新作品。

Midjourney是AI绘画界中备受欢迎的工具之一。它提供了简单易用的功能，不仅可以帮助用户快速产生创意，还可以生成灵感图片，为创作者提供源源不断的灵感。许多创作者和专业人士将其用于快速原型设计、图像创作、广告制作等领域。

值得注意的是，Midjourney在广告、建筑等领域也得到了应用。广告行业迅速采用了类似Midjourney、DALL·E和Stable Diffusion等AI工具，用于创建原创内容和快速构思创意，为个性化广告、特效和电子商务广告等提供新机会。建筑师在项目的早期阶段使用Midjourney生成情感板，作为搜索Google Images的替代方法。

然而，也存在一些争议和问题。有些艺术家担心使用了原创作品进行训练，可能会贬低原创创意作品的价值。软件的内容审核和审查也一直备受关注，以确保生成的图像不包含不当内容。2023年，由于AI生成图像的逼真程度提高，一些虚假或具有争议性的图片在网络上广泛传播，引发了许多讨论和关注。此外，一些研究也指出，Midjourney生成的图像可能存在偏见问题，比如在性别、肤色和地域等方面的不平等结果。一些艺术家指责 Midjourney 在训练集中使用了原创作品，从而降低了原创作品的价值。然而，Midjourney 提供了 DMCA 投诉政策，允许艺术家请求将自己的作品从训练集中移除。此外，Midjourney 的图片生成质量和真实性已经到达了一个令人惊叹的水平，引发了一系列病毒级 AI 生成照片的事件。

综合来看，Midjourney 作为一款基于 AI 技术的绘画软件，通过深度学习算法和文本输入，使用户能够创作出个性化、具有艺术性的作品，为创意产业和艺术领域带来了新的可能性和挑战。

2.2.3 Adobe Firefly

Adobe Firefly 是一款引人注目的 AI 绘画软件，于 2022 年 3 月由 Adobe 推出。它属于 Adobe 的人工智能工具系列，旨在通过创造性的方式帮助创意专业人士和艺术家生成图像和艺术文字。与其他文本到图像生成软件不同的是，Firefly 不仅专注于图像生成，还提供了一系列其他的便捷绘画功能。

作为一款绘画软件，Firefly 的核心功能之一是文本到图像生成，这使用户可以从简短的文本提示中生成各种艺术品，包括插图、数字艺术和绘画，类似于其他知名 AI 绘画软件如 Midjourney 或 DALL·E。这个功能的突出之处在于其简单性，它将选项呈现在用户面前，使图像生成变得更加容易。用户只需选择适合其需求的选项，而无须费时费力地手动创建每个设计。

除了文本到图像生成，Firefly 还引入了一系列新的工具，其中一个重要工具是"TextEffects"，它允许用户在字符和文字中创建独特的设计效果，为文本增添创意，如图 2-7 所示。

图 2-7　输入文字改变图像

此外，Firefly 还推出了其他一系列工具，如可以将手绘的草图转化为可编辑的矢量图的工具，对于设计师等用户来说是一个强大的功能。针对视频制作人员，Firefly 还提供了视频后期制作功能，使他们可以轻松地调整视频的氛围、情感以及颜色和其他设置。

Firefly 的优势之一是其用户友好性，它将选择图片的大类、风格、绘画技术效果、材质和概念等选项都集成在一个直观的界面中，从而降低了绘图的门槛。然而，需要注意的是，虽然 Firefly 功能强大，但其底层模型在某些方面仍有改进空间，例如生成的图片可能不够丰富，对词语的理解能力有限，因此可能呈现出效果不够精致的问题。

最重要的是，Firefly 成功地将 AI 绘画和 Photoshop 的功能结合在一起，使用户能够在生成图像的基础上进行快速的局部调整。这意味着用户可以更轻松地实现他们的创意愿景，例如更改图像中的颜色、添加元素或者修改细节。

总的来说，Adobe Firefly 为创意专业人士和艺术家提供了一个强大而创新的工具，将 AI 技术与传统图像处理工具相结合，简化了图像创作和编辑的过程。它的简单性和多样化功能使用户能够更轻松地探索和完善他们的创意想法。虽然它的底层模型可能还需要进一步改进以提供更丰富和精致的图像，但它已经为创意专业人士带来了更高效的工作方式，节省了时间和精力。Firefly 的整合功能使其成为一款备受期待的创意工具，未来还有更多功能和潜力可以探索。

2.2.4　ChatGPT 与 AI 绘画

当下，AI 绘画领域最受欢迎的平台无疑是 Stable Diffusion 和 Midjourney。在这个领域中，Prompt（提示词）的质量对于生成的图片效果起着至关重要的作用。通常情况下，Prompt 的质量越高，生成的图片越令人满意。

然而，不论是 Stable Diffusion 还是 Midjourney，在构建高质量 Prompt 方面都存在一定的复杂性，对于初学者来说都具有一定的门槛。此外，这些模型都是基于英文语料数据集进行训练的，因此并不原生支持中文提示词。

因此，有人提出可以借助 ChatGPT 开发 Stable Diffusion 的提示词生成器（prompt generator），并构建能够将文本转化为图片的服务，从而降低 AI 绘画的门槛，只需输入少量关键词，即可生成质量不错的图片，从而显著提高了内容创作的效率。AI 绘画利用机器学习算法，自动识别文本特征，并从原始内容中提取有用的信息，从而快速生成新的内容，极大地提升了内容创作的效率和质量。

ChatGPT 和 Stable Diffusion 的结合，成了当前备受关注的 AIGC 工具。这种融合能够使得生成更高质量的 AI 图片变得更加简单。目前 AI 绘画和制图领域的挑战在于如何准确描述生成的内容。将自己的想法用语言表达出来往往具有一定的难度，而用地道的英语表达则更为困难。ChatGPT能够帮助我们优化文本描述并自动进行翻译，一旦得到英文的描述内容，我们可以将其传递给Midjourney或Stable Diffusion客户端，随后只需稍作等待，即可享受画作的问世。

在一些领域，已经开始尝试将AI绘画与ChatGPT结合使用来提升工作效率，比如城市规划设计中的应用初探，通过AI工具的强强联合，以构建高效的设计流程，为一个城市更新项目提供设计方案，也可以为其他行业的设计带去新的思路和方法。

比如，某项目位于一个城市，客户的期望是将该项目地块改造成一个文化地标广场，位于历史街区的主要入口处。项目的特殊之处在于其历史背景，曾经是一家备受当地居民喜爱的酒家，虽然如今已被拆除，但仍留有浓厚的历史记忆。此外，项目要求广场的设计语言需要与当地园林的独特特色相契合，同时要考虑周边设施。

设计院的工作人员通过以下的工作流程，展示了AI工具与人类设计师协同工作：

第1步：使用ChatGPT查询和描述当地园林和建筑特色。首先，设计团队利用ChatGPT快速获取有关当地园林和建筑特色的信息。ChatGPT允许他们提出自然语言问题，以获取相关资料，如当地园林的典型元素、传统建筑的特点等。

第2步：训练ChatGPT并输入特色描述，生成AI绘画工具的关键词。获得特色描述后，设计团队进行ChatGPT的训练，以使其了解并能够生成与这些特色相关的关键词。这些关键词将用于指导后续的设计工作。

第3步：导入AI绘画工具生成的意向图，协助设计师寻找灵感。设计师利用生成的关键词，将它们输入到AI绘画工具中，以生成初步的设计意向图。这些图像有助于设计师快速获得设计灵感，了解如何将当地园林和建筑特色融入广场设计中。

第4步：设计师根据意向图生成平面草图。基于生成的意向图，设计师开始创建广场的平面草图。这些草图将考虑到当地园林元素和建筑特色，以满足客户的期望和历史遗产。

第5步：设计师和AI绘画工具共同生成节点图纸。最后，设计师与AI绘画工具合作生成详细的节点图纸，以指导施工和建设。

通过以上的步骤，可以看到AI工具在生成创意和设计方案方面具有巨大潜力，提高了设计效率，为城市规划和设计领域提供了新的工作流程和创新方法。同时也需要不断探索和改进，以实现更好的城市设计。

2.3 AI绘画赋能行业

2.3.1 内容创意与可视化

内容创意与可视化涉及创意的生成与视觉表现，通常基于人类的指导和反馈来创建。AI可以生成初步的设计草图，然后由设计师进一步完善和调整。这里包括了漫画、广告创意、影视和游戏设计等。

在漫画出版领域，一些漫画书作品已经广泛发表，引起了人们的关注。例如，在美国，制作公司Campfire Entertainment发布了名为*The Bestary Chronicles*的科幻漫画系列，这些作品是首批使用Midjourney创建的。这些漫画系列在绘画质量上展现了出色的水平，几乎媲美真实的人类艺术家。类似的情况也在国际范围内出现，表明AI生成的艺术作品在出版界已经产生了积极影响。

在日本，作家和漫画原作者Rootport使用Midjourney创作了名为《赛博朋克：桃太郎》（"サイバーパンク桃太郎"）的科幻漫画作品（图2-8）。这个例子表明，AI生成的图像具有独特的风格和特征，有可能为漫画和电影等不同领域创造新的流派和风格，进一步推动了艺术和创意的发展。尽管AI图像生成技术面临挑战和争议，但它也为创作者提供了新的工具和机会，以在不同领域中探索创新。

在影视制作领域，通过应用图像生成AI来提高创作者的生产效率，并让他们有更多时间从事更具创造性的工作。在影视制作领域，尤其在动画行业，作品数量不断增加，同时作品质量要求也在提高，这导致了人手短缺，并出现了作画质量下降的现象。

图2-8 《赛博朋克：桃太郎》封面

在这种情况下，向创作者提供图像生成AI，旨在提高创作者的生产效率，以便他们有更多时间从事更具创造性的工作。举例来说，Netflix的动画片《狗与少年》在这一领域树立了良好的示范。Netflix在2023年1月，在YouTube上发布了一部名为《狗与少年》的动画片。尽管这部动画片只有大约3分钟的长度，但图像生成AI被用于创建全部背景图。这部影片是Netflix动画创作者基地、动画制作公司WIT STUDIO和AI开发公司ima的联合制作项目，内容备受好评。

这一作品的工作人员明确使用了图像生成AI等最新技术，如音效设计、背景构思和原画等。通过结合人工绘图和图像生成AI等最新技术，创作者可以扩展创作的范围，因此人们期望可以更有创意。

有人担心这种举措会导致动画师失去工作，但解决影视制作领域的工作方式和生产效率问题迫在眉睫，迫切需要投资设备以实现数字化。因此，"创作者和技术应该如何共存"成为一个重要主题。在未来，业界需要继续探讨如何让AI技术成为一种增强工具，帮助创作者更好地表达他们的创意，同时确保创作者的权益和就业机会不受损害。

在游戏开发领域，图像生成AI开始被用于制作背景和角色等素材，从而有可能降低游戏制作的成本和时间。这一趋势对游戏制作行业产生了深远的影响。

一些游戏设计者使用了图像生成AI工具，如Midjourney和Stable Diffusion，来制作游戏的背景图像和角色。根据某业内人士正在开发的一款游戏的估算，使用图像生成AI，背景制作时间可以缩短3天，角色制作时间可以缩短2天。这意味着他能够在更短的时间内完成游戏制作，降低了制作成本。

利用图像生成AI进行游戏开发具有巨大的潜力，尤其是对于休闲游戏和小型工作室。游戏开发者发布了多款使用Stable Diffusion和Midjourney等图像生成AI制作角色的游戏作品。这些游戏通常是轻松的小型作品，被认为是休闲游戏，而AI工具可以提高制作效率，帮助这些工作室更快地推出新游戏。然而，由一些大型游戏公司制作的游戏，人们对图像生成AI的应用潜力表示担忧，认为其在大型游戏项目中的应用可能有限，难以大幅缩短制作时间。这个问题需要进一步研究和实践，以确定AI技术在不同规模的游戏制作中的实际影响。

尽管存在挑战，AI技术在游戏开发中的应用仍然是一个备受关注的领域，将继续推动游戏行业的创新和发展。未来，我们可以期待看到更多引人入胜的游戏作品，它们的背后有着AI技术的创意和助力。

在广告和营销领域，图像生成AI正变革着创意制作的方式，提高了市场活动的效率。广告和市场活动的创意制作通常需要设计师的参与，以创造吸引人的广告内容。然而，图像生成 AI 的出现正在改变这一格局，使市场人员能够更轻松地生成所需的广告素材。

传统的市场人员通常需要委托设计师制作广告素材，然后发布到不同媒体平台，以提高品牌认知度和促进销售。然而，图像生成 AI 提供了更快速、高效的方式来生成广告创意。市场人员可以使用 AI 工具来生成各种广告元素，从图片到标语文本，从而节省时间和资源。

一些公司已经开始尝试将图像生成 AI 用于广告创意。例如，一家网络营销支持服务公司使用了 AI 生成的图像来制作网络宣传广告，并看到了其点击率得到了显著提升，说明 AI 生成的图像在吸引受众注意力方面可能真的具有潜力。

此外，一些公司还提供了由 AI 生成标语文本的服务。某公司开发的平台允许用户输入产品或服务的信息，然后生成多个可以用于广告宣传的创意标语文本，帮助市场人员更轻松地制作广告内容。

2.3.2 实用与功能性设计

实用与功能性设计更偏向于实际使用和功能性。设计不仅要美观，还要考虑实用性、安全性和效率。例如，汽车设计要考虑气动效率、安全性等；建筑设计要考虑建筑的稳固性、室内空气流通等。AI 可以帮助设计师进行模拟和测试，确保设计的实用性和功能性。

近年来，图像生成 AI 技术在建筑设计领域崭露头角，为设计流程带来了更高效和独特的元素。建筑师和设计师开始认识到，AI 可以成为他们的创意伙伴，有望提升设计的质量、创意度和效率。

传统的建筑设计通常开始于手绘草图，然后转向三维建模软件，最终进行渲染以呈现设计概念。然而，这一过程通常需要大量的时间和精力，特别是在不断修改和完善设计时。现在，图像生成 AI 为建筑师提供了一种全新的方法。

英国一位著名建筑师声称他将自己的构想输入到 AI 系统中，而 AI 系统将为他生成初步渲染的结果。这种方法在快速迭代设计中特别高效。虽然在 AI 生成的设计中可能需要进行一些细节微调，但这样的协作方式大大加速了设计过程，使建筑师能够更快地将创意付诸实践。

然而，也有一些建筑师强调，AI 可以作为创意辅助工具，而不是完全替代手绘或人工设计。他利用图像生成 AI 进行建筑策划时，同时仍会保留手绘和传统设计的元素。这种结合可以在创作中带来更多的多样性。

株式会社 mign 于 2023 年 2 月发布了名为 studiffuse 的建筑设计辅助工具，它整合了图像生成 AI 的 Stable Diffusion。该工具旨在建筑、土木、房地产、制造和零售等领域的设计工作。studiffuse 的特点在于，它能够根据输入的图像和关键词自动生成设计图像，并通过搜索引擎筛选出相关的图像，这有助于满足客户需求，减少了烦琐的设计调整和与客户的多次沟通。此外，studiffuse 还可以通过学习社交媒体和图像搜索系统中的设计案例来生成符合自身品牌的设计。这一工具为设计师提供了更高效的设计流程，并降低了设计成本，有望在不同领域推动创新。图 2-9 为 studiffuse 生成的图像。

图 2-9　studiffuse 生成的图像

AI 技术为建筑设计领域注入了新的创意和效率。建筑师可以选择将 AI 作为他们的创意伙伴，或结合 AI 与传统的手绘和设计方法，以实现更独特和高效的建筑设计。这一趋势将继续推动建筑领域的创新和进步。

在室内设计领域，图像生成 AI 的应用正在崭露头角，为创造更具创意的室内和家具设计提供了新的机会。设计师和工程师们可以利用这一技术来加速设计流程，提供更多的创新方案。

一些室内设计团队已经开始探索图像生成 AI 在他们工作中的应用。例如，一些设计所开始使用 Stable Diffusion 来生成室内设计的图像。这种方法允许他们将构思转化为文字输入，以获得可视化的渲染结果。利用生成式 AI 技术，一些设计者认为能够更好地理解图像的深度，然后根据这些信息生成各种室内设计方案。例如，他们可以将参考图像中的木制玩偶屋家具与文本提示"美丽的巴厘岛乡村别墅，建筑杂志，现代卧室，户外泳池，极简主义石材表面"结合起来，从而设计出理想的室内效果。

这一方法的优势在于，设计师无须依赖带有标签的 3D 数据进行训练，因为 AI 可以从大量非标记的图像数据中学习。这一趋势将使室内设计团队更有创意，并更高效地提供各种设计方案，为客户创造更多可能性。

图像生成 AI 正在汽车设计领域加速新车的开发流程，满足消费者对创新和独特设计的需求。汽车行业一直受到消费者对汽车设计的高度重视，因为设计常常是购车的关键因素之一，因此，一些公司开始利用图像生成 AI 来推动汽车设计的创新。比如，某公司通过与其他公司强强联手，采用最新的技术进行赋能，对设计流程进行了重构。比如，首先讨论设计的方向，然后提取用于生成图像的提示关键字。接下来，使用 Stable Diffusion 这一强大的图像生成技术，生成了多种基本设计方案的图像。这些方案包括了汽车的外观、内饰、轮毂、车身结构等多个方面。通过微小调整和提示，这些设计方案逐渐完善，最终生成了 2D 设计图像，这些 2D 数据随后被传递给专业的设计师，他们进行建模和渲染，将设计变为现实。这些 2D 数据可以用于制作驾驶动画、全彩 3D 打印模型，甚至用于 VR 和 AR 内容的创作。

这些由图像生成 AI 辅助设计的概念车备受欢迎，因为它们不仅具有未来感，还展现了先进的设计风格，满足了消费者对汽车创新的渴望。这一领域的快速发展表明，图像生成 AI 有望在汽车设计中发挥越来越重要的作用。

Toyota 汽车公司也在积极关注图像生成 AI 的应用。其研究机构 Toyota Research Institute 与美国哥伦比亚大学合作，推出了名为 Zero-1-to-3 的 AI 模型[1]。这一模型有着令人惊叹的功能，能够仅凭一张物体图像生成高精度的不同角度和视角的图像。它使用了扩散模型，通过组合从不同角度拍摄的图像，可以重建物体的完整 3D 模型。

虽然研究团队尚未明确提及该 AI 模型在汽车开发中的具体应用，但这一技术有望用于提高整车和零部件设计的效率。设计师可以从不同视角生成物体图像，而无须提供带有标签的 3D 数据，从而简化了设计过程。这一技术的发展将为汽车设计领域带来更多创新和便利，以满足不断增长的需求。

感兴趣的读者可以在 Zero-1-to-3 的官方网站上找到演示，只需上传测试图像，即可生成不同角度的三维图像，如图 2-10 所示。

---

[1] Liu R，Wu R，Van H B，et al.Zero-1-to-3: Zero-Shot One Image to 3d Object. In Proceedings of the IEEE/CVF International Conference on Computer Vision，2023：9298-9309.

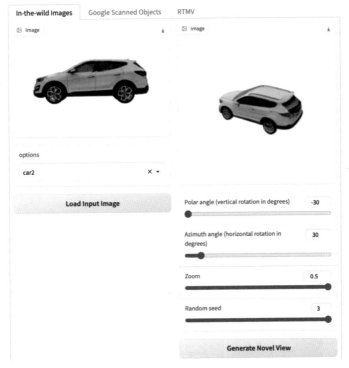

图2-10　Zero-1-to-3生成三维图像

2.3.3　数据驱动的分析与解读

医学图像分析领域取得了显著突破，主要得益于深度神经网络的出现。然而，医学影像项目中的数据规模相对较小，这可能限制了它们的潜力。因此，生成合成数据成为一种有前景的替代方法，可以扩充训练数据集，使医学图像研究可以更大规模地进行。

生成对抗网络（GANs）已经在医学领域得到了广泛应用，用于创建逼真的合成图像。然而，生成有意义的合成数据并不容易，尤其是在处理复杂的器官（如大脑）时。近年来，扩散模型（DM）引起了计算机视觉界的关注，因为它们能够生成逼真的合成图像。

在斯坦福大学进行的一项罕见疾病研究中，放射线医学家克里斯汀·布鲁斯根（Chistan Bluethgen）与斯坦福大学计算数学工程研究所（ICME）的研究生皮埃尔·尚邦（Pierre Chambon）合作，利用 Stable Diffusion 来生成胸部X射线医学影像。克里斯汀·布鲁斯根等人通过微调整 Stable Diffusion 模型，成功生成了非常逼真的肺部异常X射线影像。尽管该模型在临床准确性和法律方面仍存在挑战，但它有望促成罕见疾病的理解和新治疗方法的开发。

研究人员探索了使用潜在扩散模型（LDM）生成高分辨率3D脑图像的合成图像。他们使用了英国生物银行数据集中的图像（共有31740张）来训练模型。这些模型可以学习有关大脑图像的概率分布，并可以根据诸如年龄、性别和脑结构体积等协变量生成逼真的脑部扫描图（图2-11），最终，生成模型可以创建逼真的数据，并且可以有效地使用协变量来控制数据生成。在这个模型的基础上，研究人员生成了一个包含100000个脑图像的合成数据集，并将其开放，供科学界使用。

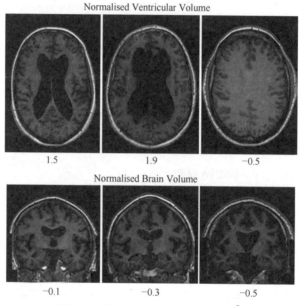

图2-11　使用AI生成的脑部扫描图 ❶

研究结果表明潜在扩散模型是一种有前景的模型，可以用于生成医学图像。此外，通过向科学界开放合成数据集，该研究也解决了医学机器学习面临的一个主要限制，即获取大规模图像数据而不侵犯隐私。扩散模型在生成自然图像方面表现出有前景的结果，它们在无条件图像合成方面可以与GANs相媲美，同时还可以根据类别和文本句子等条件生成图像。这一研究也为未来进一步探索使用深度神经网络模型，实现更广泛的医学图像生成应用提供了研究基础。

---

❶ Walter H L P, Tudosiu P D, Dafflon J, et al.Brain Imaging Generation with Latent Diffusion Models. arXiv，2022，2209：07162.

3

AI 绘画引发
的社会问题

3.1 AI绘画与知识产权

3.1.1 "自觉"退赛的AI摄影作品

2023年度的索尼世界摄影奖颁奖晚会是世界摄影领域最备受瞩目的盛事之一，由索尼集团赞助、世界摄影组织主办。然而，这一届颁奖晚会却因一场意外事件而备受关注。

德国某艺术家的作品《虚假记忆·电工》(*Pseudomnesia | The Electrician*)(图3-1)在比赛的创意组别中获得了大奖，引起了轰动。然而，令人意外的是，当这位艺术家上台时宣布，这幅作品实际上是由AI图像生成器DALL-2创作的，他不愿意接受这一奖项。

图3-1 《虚假记忆·电工》作品

这一事件引发了广泛的讨论和争议，它让人们开始思考AI技术对摄影艺术的冲击。虽然人工智能生成的图像在视觉上已经难以与真实摄影区分开来，但一些问题仍然存在，例如人物的手部可能会出现失真和变形。不过，由于作品所在的创意组别允许使用电脑技术进行修改，评审可能认为这些问题是创作者故意制作的效果。

同时，这一事件也引发了人们对关于虚假信息传播和伦理问题的担忧。一些网友使用AI技术制作了虚假的新闻照片，引发了社会各界的关注，人们开始呼吁对AI生成图像进行监管和制定行业规则，以确保图像的真实性和可信度。然而，也有人持乐观态度，认为AI是一种工具，可以让更多人参与艺术创作，实现艺术的平民化。随着技术的不断发展，摄影领域可能会出现新的创作方式和机会。

这一事件反映了艺术界在面对新技术挑战和机遇时所面临的复杂性和多维

考量，要解决这些问题，需要综合考虑技术、伦理、法律等多个方面，以保护艺术家的权益，并确保摄影艺术的不断发展。

3.1.2 以假乱真"太空歌剧院"

2022年8月，美国科罗拉多州博览会举办的艺术比赛中，数字艺术类别的头奖被39岁的游戏设计师杰森·艾伦（Jason M. Allen）赢得，他的获奖作品名为《太空歌剧院》（图3-2）。然而，这幅画作并非由艾伦亲手绘制，而是借助AI绘画工具Midjourney完成的。

图3-2 《太空歌剧院》

艾伦的获奖引发了不少艺术家的愤怒。艺术家吉尼尔·朱马隆（Genel Jumalon）在推特上发文表示："有人用AI作品参加艺术比赛，还得了第一名，真的太糟了。"一名网友回应："我们正在亲眼见证艺术的消亡。""如果连创意性的工作都受到机器的冲击，那高技能工作是否也会受到威胁呢？未来将会剩下什么？"

然而，获奖者杰森对这些质疑嗤之以鼻，他认为自己的获奖毫无问题。尽管使用了AI工具，但他作为创作者仍花费了大量时间和精力。他在一个月内反复修改指令，精确地输入了数百个具体的指令，生成了100多幅图画。随后，他从这些作品中挑选出了自己最喜欢的3幅，并对它们进行了微调和处理，最终印在画布上。

对于是否应该颁奖给使用AI工具的创作者，主办方认为，AI生成的《太空歌剧院》在艺术比赛中获得了一等奖，这表明在一些评审眼中，这幅作品具有一定的价值和艺术性。并且，参赛者花费时间和努力参与艺术比赛，获得奖项是对他们付出的肯定，取消或忽视这一结果可能会引发争议。然而，对于那些质疑的人来说，他们认为使用 AI 进行创作引发了有关创造性、作者身份以及机器学习算法的角色等一系列讨论。

不可否认的是，AI 绘画的高效性使其取代人类从事某些基础性工作成为必然趋势。然而，艺术作品反映了人类文化的精髓，AI 只能替代某些技术和模式，却无法取代真正的艺术。真正的艺术具有审美感，体现了艺术家的情感，有其独特的价值。AI 生成的作品是通过算法生成的，缺乏情感因素，这是与真正艺术的根本区别。当然，随着 AI 技术的发展，创作者可以通过 AI 表达情感，甚至具备独特的审美表现，这样的 AI 作品也有可能成为艺术品存在。这一事件引发了对 AI 在艺术领域影响的广泛探讨。

3.1.3　AI 绘画潜在的知识产权问题

AI 绘画在快速发展的同时，其涉及的版权问题也日益凸显。虽然 AI 画作看似是由机器生成，实际上却是应用算法、规则和模板的结果，体现了开发者的思想与脑力劳动，因此在一定程度上具有人类的前期介入。

首先，对于市场上的 AI 绘画软件，用户能够决定 AI 画作的绘画风格和内容，这些画作与普通画作一样，体现了智力水平和个性化表达。虽然 AI 没有独立人格，但其"机器学习"过程是类人化的创作行为，生成的作品内容具有思想表现形式的外观，应受到著作权法的保护。

然而，AI 绘画也存在一些争议。一些知名艺术家抱怨自己的作品成了 AI 绘画的模仿对象，有人在社交平台发现自己的作品被无授权转载，而且在 AI 生成的作品中有类似体现。部分画师甚至在声明中明确表示"禁止将我的作品用于 AI 作画"。

在 AI 绘画软件的开发过程中，一些软件选择使用无版权图片来避免版权争议。如 AI 绘画软件 Midjourney 选择在素材库中使用无版权的图片，以规避版权争议。还有公司表示，如果相关平台未来开放出来的生成图片侵犯到原作者权益，该公司会提供投诉反馈通道，为相关权利人提供权利救济渠道，迅速处理。然而，AI 软件通过学习大量受版权保护的创意作品进行训练，是否存在未经许可的情况，AI 生成的作品是否侵犯了原作者的权益等都是复杂的问题。

将现有图片用于学习本身并不违反法律，但对于AI生成的作品是否侵犯著作权，仍需根据"接触+实质性相似"的判断标准进行评定。此外，著作权法目前所称的作者必须是自然人，而AI不能成为作者。鉴于AI绘画技术的快速发展，以及法律法规尚不健全，理论和实践界存在争议，对AI作品的侵权证明和维权仍然是一个复杂的问题。仍需要完善现有法律制度的有关规定，同时在行业内形成关于AI绘画版权的工作指引和行业规范，以促进这一领域的健康发展。

2022年9月，艺术家克里斯·卡什塔诺娃（Kris Kashtanova）使用Midjourney创建的漫画书*Zarya Of the Dawn*（图3-3），获得了美国的版权登记。当时，公众认为这是对使用潜在扩散技术创作的艺术品进行登记的先例。

然而，2023年2月21日，美国版权局宣布取消了艺术家克里斯·卡什塔诺娃为漫画书*Zarya Of the Dawn*创作的图片的版权保护。版权局指出，这些图片使用人工智能驱动的Midjourney图像生成器创作，因此不符合版权保护的条件。

图3-3　漫画书*Zarya Of the Dawn*的封面和第2页

这一决定是因为卡什塔诺娃最初没有披露这些图片由人工智能模型生成。版权局认为，虽然卡什塔诺娃参与了图像的结构和内容的"指导"，但Midjourney更符合传统意义上对图像作者身份的理解。因此，这些人工智能生成的图像不符合版权保护的标准。

尽管卡什塔诺娃认为这一决定保护了漫画书的故事和图像编排，但她对失去个别图像的版权保护表示失望。她认为人工智能模型的输出直接取决于艺术家的创造性输入，因此应该具有版权。

这一裁决在法律上具有重要意义，它明确了目前人工智能生成的图像在美国无法获得版权保护。然而也有专家表示，随着社会对人工智能生成的艺术的认知和看法的不断演变，未来可能会重新考虑这一问题。

2023年8月24日，中国首例AI绘画著作权案在北京互联网法院公开开庭审理，引发社会广泛关注。这一案例突显了在人工智能生成内容领域出现的知识产权争议，对AI技术与版权法律的交汇产生了深远的影响。

原告李某是一名使用AI绘画模型Stable Diffusion的创作者，他通过这一AI模型，根据输入的提示词，生成了一幅人物画，并在今年2月底将其发布在社交媒体平台小红书上。被告刘某则是一位诗词博主，他在今年3月发布的一篇文章中使用了李某创作的人物图片作为配图，同时删除了图片上的署名水印。李某以侵犯作品署名权和信息网络传播权为由，将刘某告上法庭，要求赔偿经济损失5000元，并公开道歉。

这是国内首例"AI文生图"著作权案，庭审过程在多个媒体平台进行同步直播，吸引了17万网友的关注。由于目前AI生成内容的版权问题存在诸多争议，庭审现场和直播间都展开了激烈的辩论。案件的焦点问题包括：涉案图片是否构成作品？如果构成作品，原告是否享有著作权？被告使用图片是否侵犯了原告的署名权和信息网络传播权？如果侵权成立，被告应当如何承担责任？这些问题都引发了人们激烈的争议。

庭审尚未宣判，案件仍在进一步审理中。这一案例引发了社会广泛的法律和伦理讨论，探讨AI生成内容是否应被视为独立的艺术作品，以及如何保护创作者的权益。

中国最新的《生成式人工智能服务管理暂行办法》于8月15日正式实施，成为全球首个专门针对AIGC监管的法律文件。此举旨在规范和保护AI生成内容的合法权益，为未来类似案件提供更清晰的法律指导。

这一事件标志着我们正处于AIGC时代的重要时刻。关于中国首例"AI文生图"著作权案的后续进展，以及AI技术在合规框架下的发展，将继续受到广泛关注。此案对于AI技术与知识产权之间的界限模糊问题提出了深刻的挑战，需要更多的法律和伦理探讨。

3.2 AI 绘画与信息安全

3.2.1 AI绘画潜在的信息安全问题

AI绘画潜在的信息安全问题主要包括隐私泄露和有害内容生成两个方面。

首先是隐私泄露问题。用户在使用AI绘画时，可能需要上传个人照片或其他个人信息，这可能导致个人隐私泄露的风险。某些平台可能默认用户上传内容视为授权给平台，平台进而使用或公开，未经用户同意将其个人数据用于其他目的或与第三方共享，这可能损害用户的隐私权益。AI绘画技术也可以通过分析图像数据来获取用户的个人信息，如面部识别、年龄、性别、肤色等。这些信息可能会被用于跟踪、识别或盗取个人身份信息，从而对用户的隐私和安全造成威胁。用户应该关注平台的隐私政策和用户协议，确保个人信息得到妥善保护。

围绕生成式AI的问题，有一个关键的方面是能否区分AI生成的内容和人类创作的内容。随着生成式AI的广泛应用，这个问题变得越来越复杂。区分什么是真实的，什么是虚假的将变得非常重要，而实现这一点可能不能再依赖于人眼，而是需要借助计算机服务。

在这个背景下，一些行业领先的企业已经开始采取行动，甚至签署了关于如何负责任地创建和共享AI生成内容的准则。这些准则旨在确保用户能够明确他们所接触到的AI生成内容。这需要一定的技术手段如电子水印等来实现，帮助人们鉴别内容的真实性和来源。

一些公司提供了一种用于区分AI和人类写作文章的工具，帮助检测文本是否由AI生成，尽管在准确性方面还有改进的空间，但它标志着AI检测技术的进步。总之，这样的AI工具可以用来进行内容的审查，维护内容的质量。

2023年3月底，意大利个人数据保护局禁止使用ChatGPT，并对OpenAI进行调查，引发了人们对人工智能伦理和隐私问题的深刻讨论。这个案例强调了人工智能技术的快速发展，与其伦理和法规的不平衡之间的紧张关系。类比到人工智能绘画领域，我们也可以看到相似的挑战和讨论。

在AI绘画领域，诸如模型已经展现出了强大的创作能力，但这也伴随着一系列伦理和隐私问题。这些模型可以生成各种类型的图像和内容，但如何确保其内容的合法性、道德性，以及尊重用户隐私，成为一个紧迫的问题。

与ChatGPT类似，AI绘画工具也需要透明度和明确的法律指导，以指导其使用方式。用户的隐私需要得到充分尊重，而未成年人的数据尤其需要受到特别的保护。此外，AI绘画工具需要确保其生成内容的质量和合法性，以防止不当内容的传播。

这个案例也提醒我们，AI技术的快速发展需要与法规和伦理原则相协调。只有在保护用户权益和隐私的前提下，人工智能绘画技术才能够得到广泛应用和发展。缺乏透明度和监管可能对这一领域的发展带来负面影响，因此需要更多的法规和指导来引导AI绘画技术的发展，以确保其在合法、道德和安全的框架内运行。

3.2.2 真假难辨的Deepfake

深度伪造（Deepfake）技术作为一种引人注目的应用，自其诞生以来已经引起了广泛的讨论和关注。随着GAN技术的发展，一些早期的实验开始涉及人脸图像的交换。2017年底，一款名为"FakeApp"的应用开始流行，其允许用户将自己的脸替换成电影或电视剧中的角色。这是深度伪造技术首次引起公众关注的时候，如图3-4所示。

原图　　　　　　　　　　Deepfake图片

图3-4　Deepfake技术生成的图片

2018年，一系列深度伪造视频开始在互联网上出现，这些视频使名人的脸部与其他人的身体进行交换。这些视频引发了媒体和公众的广泛关注，许多人开始对深度伪造技术的潜在滥用表示担忧。人们开始关注这种技术可能用于虚假新闻、政治欺骗等。

随着深度伪造技术的发展，其背后引发的社会和伦理问题也逐渐浮出水面。越来越多的讨论开始集中在隐私、知识产权和信息可信度等问题上。政府和技术公司也开始考虑如何应对这些问题，以防止技术被滥用。

随着时间的推移，深度伪造技术变得越来越先进。生成的视频质量更高，难以被肉眼分辨。然而，与此同时，也涌现出了对抗深度伪造技术的方法，包括基于人工智能的检测算法、区块链技术等。

总的来说，深度伪造技术的发展历程是一个不断演化的过程。从早期的实验到媒体关注，再到社会和伦理问题的讨论，这项技术在各个领域都产生了影响。随着技术的不断进步和对抗措施的加强，我们可以期待在未来更全面地应对深度伪造技术带来的挑战。

3.2.3　警惕 AI 绘画的虚假传播

AI 绘画模型的出现与快速发展使得众多插画师和艺术家开始担心，这些工具可能会让他们失业。这种担忧在社交媒体 Reddit 上尤为突出，在一个有着两千多万成员的论坛中，有这样一条规则："禁止发布梗图、AI 画作、滤镜图片或其他低质量作品。"

然而，问题在于如何在实际操作中执行这一规定。因为没有一种绝对可靠的方法可以区分作品是由像 DALL·E 这样的 AI 创建的，还是由人创作的。版主们似乎只能凭借主观感觉来判断，而这也导致了一位真正的插画师因其作品被误认为是由 AI 生成而被封禁。

一位插画师名叫 Minh Anh Nguyen Hoang，艺名为 Ben Moran。Moran 是 Kart Studio 的首席艺术家，他在该论坛上发布了一幅作品，这幅作品是用 Photoshop 创建的，目的是用于奇幻作家某本书籍封面。这幅画完成得非常出色，然而，有人认为它太出色了，以至于一位版主将其标记为 AI 生成。

这一事件反映了 AI 绘画快速发展带来的问题，即随着 AI 绘画技术的不断提高，越来越难以将其与人类的艺术创作区分开，这引发了 AI 图片技术对媒体和社会的潜在冲击的广泛讨论。

AI 技术作为一个工具，不仅可以创造正能量的虚拟场景，也可以制造负能量的虚假图片，这引发了对媒体生态和社会冲击的担忧。人们开始思考，如果有人使用 AI 创建了与主流立场相悖的图片，并将其传播为真实事件，那么即使之后进行了辟谣，也可能会造成不可逆的影响，因此需要对信息发布者和创作者负起责任。

2023年3月，美国某记者在推特上发布了照片，并附文称"××大V被捕"。这一推文立刻引起了人们广泛关注，一夜之间转发量达到上百万次，媒体也纷纷报道。

然而，这些照片的制作者并非记者或摄影师，而是该记者在AI绘画工具Midjourney上输入相应提示词获得的。受到大量关注后，他还如法炮制了一系列图片，给该图片补上了一系列后续——被捕、入狱、受审、狱中生活、越狱、跑去麦当劳大吃一顿等。

据该AI工具的开发者介绍，该模型是通过训练该大V过去演讲和社交媒体言论的文本数据而创建的。它能够模拟他的语气、语调和用词习惯，因此在社交媒体上引发了不小的反响，有用户表示其生成的内容几乎和该大V的真实言论一模一样。

无独有偶，日本一名用户在推特上发布了台风15号导致的大雨给日本静冈县带来的影响，包括泥石流、住宅受水害、停电和断水，如图3-5所示。进一步地分析发现，这些照片存在多个不自然之处，包括景象不明确、不符合实际、图片细节异常。后来，该用户承认这些照片是由AI工具生成的。这些虚假图片被指责为明知虚假而传播虚假信息。

图3-5　静冈县水灾

不过，开发者目前正在评估并改进其应用方式，以确保不会产生负面影响。这一技术也引发了有关人工智能应用和伦理问题的广泛讨论。许多人认为，应该建立相关的道德准则和规范，以规范人工智能的开发和应用。在一些学者认为 AI 绘画技术强大的同时，也有一些专家警告称，该 AI 工具可能会激化社会分裂和敌对情绪，加剧社会紧张局势。

此外，也有专家呼吁加强对人工智能的教育和普及，以使公众更好地了解和掌握这一技术的应用，减少负面影响。这一事件的出现引发了社会和科技界的广泛讨论，也突显了人工智能技术的潜力和挑战。如何更好地应对和管理人工智能的发展，成了当前迫切需要解决的重要问题之一。

3.3 AI 绘画与就业

3.3.1 AI 绘画与就业新机遇

AI 绘画技术的快速发展为艺术和创意领域带来了许多新的机遇。这些机遇涵盖了多个领域，包括艺术创作、设计、广告、影视特效等。

首先，在创意灵感方面，AI 绘画工具如 Midjourney 可以帮助艺术家、设计师和创作者快速获得创意灵感和原型，以更高效地实现他们的想法。这种技术使得创意概念能够迅速转化为可视化的形式，为创作过程提供了更多可能性。其次，AI 绘画工具能够模仿不同的艺术风格，帮助创作者探索不同的创作方向。艺术家可以使用 AI 来尝试不同的绘画风格，进一步拓展他们的创作领域，并为自己的作品赋予更多个性。再次，AI 绘画工具为艺术家提供了一种新的实验平台，可以创造出独特的、前所未见的艺术作品。艺术家可以将 AI 生成的作品与传统创作相结合，创造出富有创新性的艺术形式。

AI 绘画展示了艺术和科技之间的融合，促进了这两个领域的交叉合作。艺术家和科技专家可以共同探索如何将 AI 技术应用于创作过程，创造出新颖的艺术体验。AI 绘画技术是可以用作艺术教育的工具，帮助学生更好地理解绘画原理、风格和技巧。它可以模拟不同艺术家的作品，让学生深入了解不同的绘画方法和流派，促进他们的学习和成长。艺术家可以使用 AI 生成的素材作为创作的基础，从而节省时间，并有更多时间专注于创意和艺术的深层表达。

AI绘画技术可以根据个人的喜好和需求生成定制化的艺术作品，这使得每个人都能够拥有独特的、符合自己审美的艺术品，进一步丰富了个人的文化体验。AI绘画技术还可以用于修复、复原和重建受损的艺术品，这对于保护和传承人类文化遗产，特别是那些受到时间和环境侵蚀的古老艺术品，具有重要意义。

正如Stable AI的创始人艾玛德·莫斯塔克所期望的那样，希望通过Stable Diffusion技术能够让10亿人成为创意人。这一雄心勃勃的目标意味着图像生成AI将成为改变创意领域的重要推动力。图像生成AI已经开始在创意领域产生深远影响，这种影响不仅在创作领域显著，还将会影响到整个创意产业的未来格局。

在影视、游戏和广告行业，AI绘画可以用于快速生成特效场景。传统上，制作特效需要耗费大量时间和资源，而AI技术可以加速这一过程，帮助创作者更快地呈现出逼真的视觉效果。AI绘画使广告行业能够更轻松地创作定制化广告内容。广告商可以使用AI生成的图像来制作针对特定受众的广告，为营销活动提供更多创意选择。

在教育行业，AI绘画工具可以用作教育和学习的工具，帮助学生更好地理解绘画原理和艺术技巧。学习者可以通过与AI交互，获取实时反馈和指导，提高他们的绘画技能。学生可以使用AI绘画工具来创作艺术作品，无论是插图、漫画还是其他形式的艺术创作，这有助于学生将他们的创意转化为视觉作品，并提升他们的艺术表达能力。AI绘画技术还可以与其他学科结合，创造出跨学科的教学内容。例如，在历史课上使用AI绘画工具绘制历史场景，让学生更好地理解历史事件；在科学课上使用AI绘画工具制作科学实验示意图，帮助学生理解实验原理。AI绘画技术为教育领域带来了更多个性化、创意性和可视化的学习机会，它可以激发学生的创造力，提升他们的艺术技能，同时也丰富了教学方法和教学资源。

AI绘画也为那些难以想象或难以可视化的创意提供了新的机会。一些专家指出，有了图像生成AI，创作者可以轻松地将抽象的概念转化为可视化的作品。这意味着更多的人将能够表达自己的创意，从而丰富了创意领域的多样性。还有一些专家认为，图像生成AI是沟通的革命，因为它让更多人能够用视觉媒体进行自我表达和主张。以前只有少数人具备这种能力，但图像生成AI将使这一领域的参与者更加广泛，从而可能改变人与人之间的创意交流方式。

3.3.2　AI绘画面临的失业风险

AI绘画技术的日益普及确实为创意领域带来了不少机遇和创新，但这背后潜藏的失业风险和挑战也不容忽视。首先，随着这种技术的成熟和广泛应用，众多传统艺术行业，尤其是那些涉及大量重复性工作的领域，如商业插画、平面设计以及广告设计，都可能面临被AI技术替代的风险。这不仅威胁到了这些行业工作者的稳定就业，还可能导致整个行业的失衡。

再者，AI绘画技术能够快速产出低难度的创意作品，例如广告海报或简易插图，这意味着一些初级的创意岗位可能会逐渐消失。随着更多的艺术家和设计师开始采纳AI绘画工具，行业内的竞争势必会加剧。这种技术能在很短的时间内产出大量作品，很可能会导致艺术作品供过于求，从而降低其市场价值。

尽管AI能够创作出令人叹为观止的艺术品，但这些作品可能被认为缺乏人类艺术家的深度和情感。这种观点可能会影响AI创作的市场接受度，进而对艺术家的经济收入和职业前景产生负面影响。因此，为了保持竞争力，艺术家和设计师可能需要学习如何与AI工具合作，这对于一些习惯于传统创作方式的艺术家来说无疑是一个巨大的挑战。

另外，图像生成AI对创意产业的冲击并不仅仅是技术层面的，它也迫使整个行业重新思考其业务模式和组织结构。例如，面对AI可以在短时间内生成大量作品的能力，传统创意产业可能需要进行深度调整，以适应新的生产和消费模式。

然而，尽管AI绘画带来了挑战，但也为创意领域创造了新的机会。例如，开发和优化AI绘画技术需要大量的工程师和研究人员，这为技术领域创造了大量的就业机会。同时，AI绘画也为艺术创作开辟了新的领域和方式，为艺术家提供了更广泛的表现手段。

图像生成AI正在深刻地改变创意领域的生态，并带来了前所未有的机遇和挑战。这是一个快速发展、充满变革的时代，无论是艺术家、设计师还是普通大众，都需要不断地学习和适应，以便更好地把握未来的机遇。

根据欧洲刑警组织于2022年发布的一份报告显示，预测到2026年，90%的在线内容可能由AI生成或操作。也就是说，未来图像生成AI产生的图像数量可能超过人类创作的图像数量。

当绝大部分内容都是由机器生成时，除了对信息质量和可信度的担忧外，我们还需要关注由此带来的广泛的经济后果。我们必须思考如何平衡AI的发展与其对劳动市场的潜在威胁。可能需要政府、学术界、产业界和社会各界共同努力，制定策略来保护和培训那些可能受到AI威胁的工作者，确保他们能够适应这一技术转型，并找到新的工作机会。此外，我们还需要加强对AI技术的伦理和社会影响的研究和讨论，以确保其应用不会损害人类的长远利益。

3.4 AI绘画与人机共进

AI绘画技术能够通过学习大量的艺术作品和风格，创造出独特的、前所未见的艺术作品。这种技术可以从多种风格、流派和元素中汲取灵感，为人类艺术家提供了一种与机器合作的方式，从而拓展和丰富他们的创意空间。在推动AI绘画发展的过程中，需要制定一定的法律规范，以确保其在技术、伦理和创意方面取得持续的积极成果。

AI绘画技术的崛起也引发了人们关于创意、审美和版权的深刻讨论。人们开始思考机器生成的艺术是否具有情感和创造性，以及如何在法律和伦理上界定它们与人类艺术家的关系。

首先，AI绘画模型的技术应该是透明的，并能够解释其生成作品的决策过程。这有助于艺术家和用户理解AI是如何创造作品的，减轻了人们对算法的疑虑。可以通过创建一个开放的平台，促进各界人士对AI绘画的讨论和参与，这有助于融合不同意见，建立共识，推动技术发展。

其次，应该建立一套伦理框架，明确AI绘画领域的道德准则和规范。这些准则可以涵盖版权、原创性、隐私、数据使用等方面，以确保技术的合法和道德规范。同时，在法律层面确保AI生成的作品的知识产权得到适当保护，这不仅包括原始的训练数据，还包括生成的艺术作品，这可以鼓励创新和保护创作者的权益。

此外，应该确保AI绘画技术在创造和受益方面是公平和平等的。鼓励和支持来自不同背景和文化的艺术家使用AI绘画技术，以展现多样性的艺术表达，确保AI绘画算法在生成作品时不倾向于某些特定风格、主题或人物。避免让算法生成带有歧视性或偏见的内容。不应该有人因为技术的使用而受到不公正的待遇。

　　AI绘画的发展需要综合考虑技术、伦理、法律和创意等多个方面的问题。通过建立透明的框架、促进教育与认知、保护知识产权和隐私等措施，可以确保AI绘画技术为社会带来积极的影响，推动艺术创作的创新和多样性。

　　当谈及人类与人工智能的共存，我们可以借鉴加里·卡斯帕罗夫和柯洁的言论。他们的话语为这一话题提供了有力的论据和观点。

　　加里·卡斯帕罗夫曾说："不要害怕智能机器，与它们合作！"这句话强调了与智能机器和AI共事的积极态度。卡斯帕罗夫认为，智能机器并不应被视为竞争对手，而是可以成为强大的合作伙伴。这反映了一种理念，即人工智能和人类智慧可以相辅相成，通过合作产生更大的创新和影响力。

　　柯洁则从另一个角度强调了AI对竞技领域的影响。他指出："自从AI进入围棋界后，大部分棋手得到了非常大的提高，从技术上大家变得无比接近，这个行业已经没有秘密和壁垒了，就是看谁更用功，谁对AI的理解更深。"柯洁的观点表明，人工智能已经成为一种强大的竞争力量，改变了传统竞技领域的规则。在这个情况下，人类需要更加努力学习和深入理解AI，以保持竞争力。

　　人工智能已成为不可忽视的力量，既可以是合作伙伴，又可以是竞争对手。人类应积极拥抱AI技术，学会与之合作，并不断提升自己的技能。这种共存模式将推动科技领域的不断发展，同时也提醒我们要保持对人类创造力和独特性的珍视，以便在与AI的共存中找到平衡。图3-6为人类与机器人和谐共存。

图3-6　人类与机器人和谐共存

随着人工智能绘画技术的不断发展，绘画已经不再仅仅是纸笔之间的艺术，它已经扩展到了数字领域，变得更加多样和多媒体。传统的绘画技能仍然有其价值，但了解和掌握 AIGC 时代的新绘画技能，将为人们提供更广阔的创作空间和机会。

学会与 AI 技术合作，掌握新的绘画技能，将使你在 AIGC 时代脱颖而出。这个时代充满了无限的创作机会，只要你愿意学习和探索，你将在绘画领域取得巨大的成功。AI 不是对传统艺术的替代，而是一个有力的补充，它将推动绘画艺术进入新的境界，塑造更加丰富和多样的未来。

因此，让我们积极拥抱 AI 绘画，不断探索新的可能性，为绘画领域的未来共创更美好的明天。不论你是艺术爱好者还是专业从业者，学习 AI 绘画都将成为你创意生涯中不可或缺的一部分。

4

本地部署
使用

4.1 Stable Diffusion 本地部署

4.1.1 开源社区中的 WebUI

2022 年 8 月 22 日，Stable Diffusion 的代码、模型以及权重参数库全面开源，这使得任何人都可以在本地自由地部署和使用 Stable Diffusion。然而，对于大多数非专业的使用者而言，开源的仅仅是一行行复杂的代码，直接上手并不容易。不过随着更多开发者的参与，Stable Diffusion 的易用性得到了增强，逐渐进入了公众的视线，它的发展路径大体呈现出商业化和社区发展两大方向。

在商业化方向，不少团队嗅到了商机，他们对 Stable Diffusion 进行了包装，推出了各种衍生应用，如 APP、网站以及各种产品内的特效和滤镜等。这些基于 Stable Diffusion 的产品旨在为普通用户提供更简洁、更直观的体验。然而，这些便利性通常伴随着付费的要求，并且在功能上缺乏个性化定制的空间。

与此同时，Stable Diffusion 的开源社区也在蓬勃发展，社区得到了广大开发者的积极参与和支持。许多程序员为 Stable Diffusion 打造了图形化用户界面（GUI），使得更多人能够方便地使用这一工具。其中，由越南开发者 AUTOMATIC1111 推出的 WebUI 尤为出色（图 4-1），他将复杂的底层操作简化

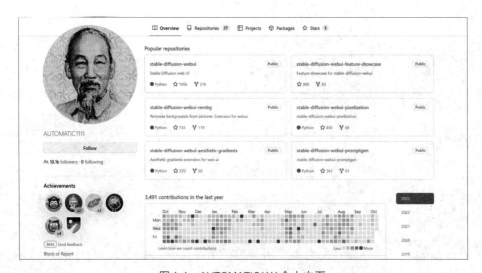

图 4-1　AUTOMATIC1111 个人主页

为可视化的界面，使得用户能轻松地生成图像和调整参数。如今，大多数基于Stable Diffusion的开源项目和拓展都选择了基于此工具来开发。本书也是基于WebUI，展示AI绘图的魅力和实用性。

4.1.2　电脑配置需求

Stable Diffusion的本地部署和使用还是对硬件有一定要求的。目前WebUI只支持在配备了NVIDIA显卡或AMD显卡的Windows 10/11系统、配备Apple Silicon芯片的MacOS系统，以及Linux系统上运行。

在图像生成的硬件方面，独立显卡无疑是影响最大的因素。对Stable Diffusion而言，显卡的性能越高，图像绘制效率也就越高。若显卡算力不足，生成速度会非常缓慢。此外，显存容量也极为重要。显存容量影响可处理的图像大小，若显存不足可能会限制图像的细节，8GB以上的显存通常可以带来良好的图像生成体验。在显卡方面，相同价格或性能的NVIDIA显卡有较好的效率和稳定性。图4-2为NVIDIA显卡。

图4-2　NVIDIA显卡

除了显卡之外，硬盘的容量也很关键。安装和运行Stable Diffusion需要预留50 ～ 100GB空间放置WebUI及相关文件。为确保数据读取迅速，推荐将Stable Diffusion配置在固态硬盘上。

表4-1为推荐的配置需求和最低的配置需求，供读者参考，需要注意的是这里的最低配置是在基本能接受的出图速度下提供的，再低的配置依然可以使用，只不过生成图像的速度会比较慢。

表 4-1　推荐的配置需求和最低的配置需求

配置需求	推荐配置	最低配置
系统	Windows 10 或 11	无要求
处理器	64 位多核处理器	无要求
显卡	NVIDIA RTX3060 或更高级别	NVIDIA RTX3050 或同级性能显卡
显存	8GB 以上	4GB 以上
硬盘	100GB 以上空间	20GB 空间

如果设备不满足上述最低配置，还有两个选择：一种方法是云端部署，将 WebUI 搭载在云平台的服务器上进行使用，本书不涉及云端部署的相关内容，读者如果有云端部署的需求，可参考网络上的教程进行部署；另一种方法是使用在线网站生成图像，类似的网站有很多，例如哩布哩布 AI（网址见本书前言后二维码中链接4-1）等（图4-3）。

图 4-3　哩布哩布 AI

这两种方法都可能会有付费的服务，且在线网站的拓展性不如本地部署好，读者可自行选择。

4.1.3　Stable Diffusion 整合包推荐

如果要安装 WebUI，必须自行在电脑上部署完整的运行环境，对于许多非技术用户来说，部署复杂的软件环境可能会遇到许多挑战，尤其是当遇到看不懂的报错信息时。

幸运的是，有热心的开发者和社区成员创建了"一键整合包"来简化安装流程，用户只需下载整合包文件，就可以轻松使用了。B 站（哔哩哔哩）的 UP 主秋叶 aaaki 就是这样的贡献者之一，他开发了一款将环境部署、WebUI 程序、插件、模型等全部整合在内的整合包，该整合包将 WebUI 的运行设置在虚拟环境下，所需的各类应用插件都已经配置在内，这意味着用户不再需要手动安装前置应用，也大大减少了出现错误的可能性。

秋叶的整合包视频发布在 B 站上（图4-4），我们可以在视频的简介和评论区中找到整合包的网盘链接，并且这条视频是持续更新的，我们可以访问这个视频链接获得最新版整合包，视频地址见本书前言后二维码中链接4-2。

针对Windows系统上的NVIDIA显卡用户，秋叶提供的整合包是首选，因为它不仅功能完善，并且支持一键启动，也十分方便进行后续的更新。本书主要基于秋叶的整合包进行相关知识的介绍，我们先来了解它的下载与使用流程。

首先通过秋叶提供的网盘链接下载整合包（图4-5）。考虑到后续模型和插件安装，应确保在电脑的对应盘上预留至少100GB的空间。

图4-4　UP主秋叶aaaki发布的Stable
Diffusion整合包视频

图4-5　整合包文档

下载好文件后，首先安装启动器所需的运行依赖，找到"启动器运行依赖"文件，点击进行安装，保证启动器程序可以正常运行。完成这一步后，就可以解压webui的压缩文件，打开名为"A启动器.exe"的文件了，启动器的图标是一个二次元头像，比较容易找到，如图4-6所示。

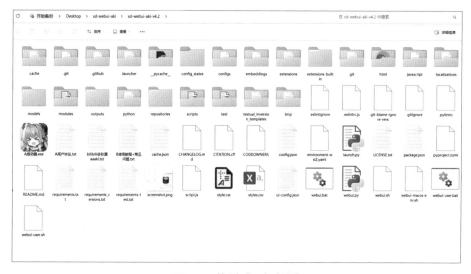

图4-6　找到"A启动器"

首次运行启动器时，它会为了确保最佳体验，自动开始更新和下载一些必要的程序及插件。这一过程可能需要一段时间，具体时间取决于网络速度和更新的内容大小。

启动器启动后，可以看到名为"绘世 - 启动器"的主界面（图4-7）。整体设计简洁易懂，左下角有一个灯泡按钮，点击它可以进行黑白主题的模式切换。

图 4-7 "绘世 - 启动器"的主界面

点击右下角的"一键启动"按钮后，启动器会打开一个控制台窗口。这个窗口会显示一系列自动运行的命令，这是 WebUI 的后端正在初始化和启动的过程，只需耐心等待，不需要手动进行任何操作。

控制台运行完毕后，通常会自动触发默认浏览器，打开 WebUI 的界面。如未自动打开，可以复制最后出现的 URL 地址到浏览器中打开，如图4-8所示。对于大多数用户，WebUI 的默认地址见本书前言后二维码中链接4-3。

看到图4-9界面时，意味着可以使用 WebUI 进行 AI 绘画了。

4.1.4 Stable Diffusion 自主配置流程

本节介绍如何自主配置 Stable Diffusion，如果选择了使用整合包来体验 AI 绘画，这一部分可以跳过。自主配置需要一定的门槛，并且配置过程中会因为网络等因素出现很多报错信息，新手或想快速入门的读者还是建议使用整合包。

图4-8　控制台

图4-9　整合包SD-WebUI主界面

在Windows系统运行WebUI，需要三个关键的前置应用：Python、Git和CUDA。

（1）安装Python

Python是一种广泛使用的高级编程语言，Stable Diffusion WebUI就是基于Python开发的，所以如果你的电脑上没有安装Python，WebUI是无法正常运行的。安装Python很简单，我们直接搜索找到Python的下载官网，进首页显示的是Python的最新版本，因为WebUI是基于较老的3.10版本开发的，所以我们需要下载官方推荐的3.10.6版本：首页往下滚动，可以找到Python发布的历史版本，在其中找到Python 3.10.6后点击“Download”下载按钮，如图4-10所示。

Looking for a specific release?

Python releases by version number:

Release version	Release date		Click for more
Python 3.8.14	Sept. 6, 2022	Download	Release Notes
Python 3.9.14	Sept. 6, 2022	Download	Release Notes
Python 3.10.7	Sept. 6, 2022	Download	Release Notes
Python 3.10.6	Aug. 2, 2022	Download	Release Notes
Python 3.10.5	June 6, 2022	Download	Release Notes
Python 3.9.13	May 17, 2022	Download	Release Notes
Python 3.10.4	March 24, 2022	Download	Release Notes

View older releases

图4-10　下载Python 3.10.6

点击“Download”下载按钮之后，会跳转到Python 3.10.6的下载界面，在页面最下方，找到电脑对应的版本，正常都是Windows installer (64-bit)，点击后即可下载（图4-11）。

Files

Version	Operating System	Description	MD5 Sum	File Size	GPG
Gzipped source tarball	Source release		d76638ca8bf57e44ef0841d2cde557a0	25986768	SIG
XZ compressed source tarball	Source release		afc7e14f7118d10d1ba95ae8e2134bf0	19600672	SIG
macOS 64-bit universal2 installer	macOS	for macOS 10.9 and later	2ce68dc6cb870ed3beea8a20b0de71fc	40826114	SIG
Windows embeddable package (32-bit)	Windows		a62cca7ea561a037e54b4c0d120c2b0a	7608928	SIG
Windows embeddable package (64-bit)	Windows		37303f03e19563fa87722d9df11d0fa0	8585728	SIG
Windows help file	Windows		0aee63c8fb87dc71bf2bcc1f62231389	9329034	SIG
Windows installer (32-bit)	Windows		c4aa2cd7d62304c804e45a51696f2a88	27750096	SIG
Windows installer (64-bit)	Windows	Recommended	8f46453e68ef38e5544a76d84df3994c	28916488	SIG

图4-11　Python 3.10.6的下载界面

下载后双击打开，勾选“Add Python 3.10 to PATH”，点击“Install Now”按钮进行安装即可，如图4-12所示。

（2）安装Git

Git是一个开源的版本控制系统，它允许开发者轻松地管理和跟踪他们的代码历史。无论是一个小型项目还是大型企业级应用程序，Git都可以确保代码的完整性和一致性。Stable Diffusion WebUI在开发过程中也需要使用Git来拉取或更新某些资源。

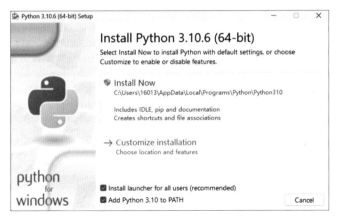

图4-12　安装Python 3.10.6

访问Git的官方下载地址（本书前言后二维码中链接4-4），根据操作系统选择相应的安装程序，如图4-13所示。对于Windows用户，点击"Windows"按钮进入下载界面。

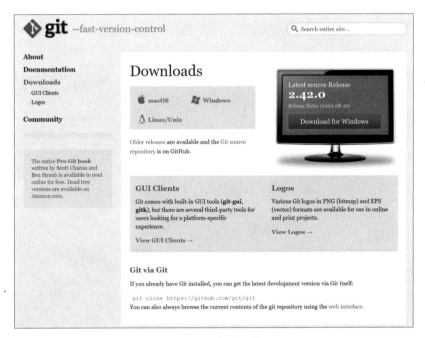

图4-13　Git的官方下载界面

进入下载界面之后，选择64位安装包进行下载，如图4-14所示。

下载完成后，双击打开下载的文件进行安装。安装过程也很简单，依照安装包流程逐步往下即可，如图4-15所示。

图4-14　选择电脑操作系统对应的安装包　　　　图4-15　安装Git

（3）安装CUDA

CUDA是NVIDIA为其显卡开发的并行计算平台和API。使用CUDA，开发者可以利用NVIDIA显卡的强大性能来加速应用程序。如果想充分利用Stable Diffusion WebUI的性能，特别是在图形渲染方面，安装CUDA是必要的。

要安装CUDA，首先确保计算机装有NVIDIA显卡。接着在命令行中输入nvidia-smi打开显卡的管理界面，里面会标明设备支持的CUDA版本，如图4-16所示。

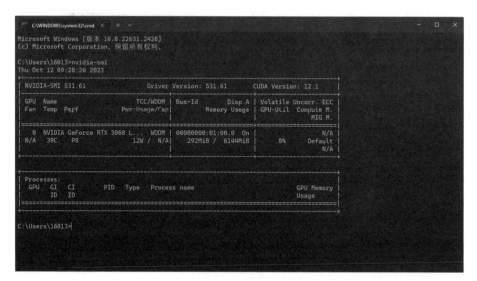

图4-16　NVIDIA显卡管理界面

访问NVIDIA官方的CUDA下载界面，选择适合显卡型号的版本。CUDA文件包地址见本书前言后二维码中链接4-5。随后进入下载界面，根据操作系统进行选择，如图4-17所示。官方提供了两种安装方式，建议选local安装包。安装过程依然很简单，依照安装包流程逐步往下即可。

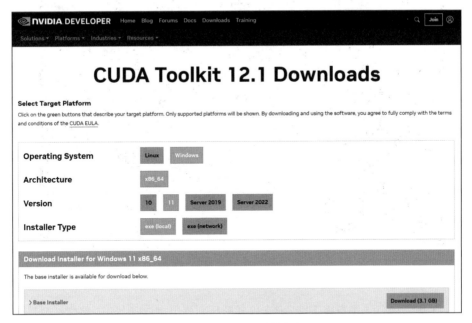

图4-17　CUDA下载界面

前置应用安装完成之后，开始下载SD-WebUI项目文件。项目文件夹一定要放在有足够大空间的磁盘中，最好是固态硬盘，注意不要放在C盘。

下载SD-WebUI项目有两种方法：

- 第一种方法是直接从GitHub拉取SD-WebUI主项目文件夹。在某个文件夹窗口（要存放SD-WebUI主项目文件夹的文件夹，比如在桌面新建一个AISD文件夹）的空白处，右键选择"Open Git Bash Here"，有时需要点击"查看更多选项"才会显示，如图4-18所示。

图4-18　从GitHub拉取SD-WebUI主项目文件夹

然后输入图4-19中命令行，就可以自行下载项目文件了，读者可自命令行后方的链接地址见本书前言二维码中链接4-6。

图 4-19　下载项目文件命令

- 第二种方法是直接下载 ZIP 文件并解压到磁盘上，WebUI 项目文件地址见本书前言后二维码中链接 4-7。如图 4-20 所示。

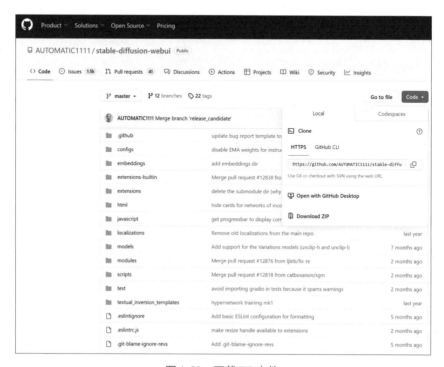

图 4-20　下载 ZIP 文件

SD-WebUI项目文件下载好之后，需要从网络下载官方基础模型（比如Stable Diffusion 1.4.ckpt，约4GB），如图4-21所示。下载地址见本书前言后二维码中链接4-8。

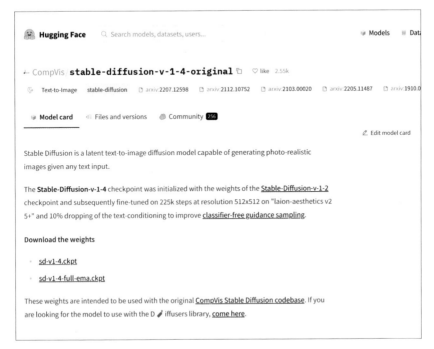

图4-21 下载官方基础模型

下载好的模型文件，需要放置在本地对应的文件夹中，如图4-22所示。模型文件夹：SD-WebUI主文件夹\models\Stable-diffusion。

图4-22 本地对应的文件夹

最后在SD-WebUI主文件夹中双击webui-user.bat文件，如图4-23所示。

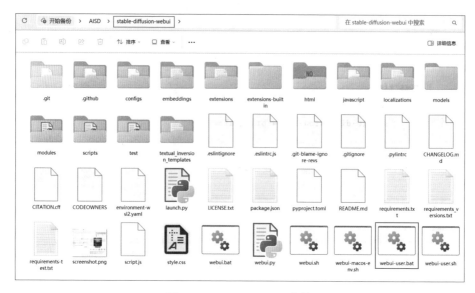

图4-23　webui-user.bat文件

第一次启动时，会自动下载安装一些必要的程序包并进行部署，如图4-24所示。视网速快慢，一般需要几分钟到几十分钟。注意，在这个阶段容易出现一些报错信息，大多数是网络问题，可切换网络解决。其他问题也可以在网络上寻找解决办法，如果实在无法解决，推荐使用一键整合包。

图4-24　下载安装必要的程序包并进行部署

和整合包一样，程序包下载完成后，通常也会自动触发默认浏览器，打开WebUI的界面。如未自动打开，可以复制最后出现的URL地址到浏览器中打开。对于大多数用户，WebUI的默认地址是本书前言后二维码中链接4-3。注意，浏览器窗口仅是UI界面，命令行窗口才是Stable Diffusion生成图像的后台，在SD-WebUI运行期间，命令行窗口不能关闭。

　　自主配置的SD-WebUI主界面（图4-25）与整合包相比，更为精简，这是因为整合包作者会为整合包配备一些热门的拓展插件，选择自主配置的读者可以参考网上教程，在原生的WebUI环境下，选择自己需要的插件进行配置。本节仅介绍自主配置的流程，后面的章节会介绍插件的下载与配置。

图4-25　自主配置的SD-WebUI主界面

4.2　Stable Diffusion基本操作流程

4.2.1　WebUI界面介绍

　　图4-26是秋叶整合包的WebUI文生图界面，如果是自主配置的WebUI，或者下载过其他扩展插件，界面的功能布局可能会有所区别，但主要操作项都是相同的。本节会介绍WebUI中一些主要的区域。

　　点击图4-26左上方的"Stable Diffusion模型"按钮，可以选择模型，整合包仅内置了一个动漫模型，如图4-27所示。后面的章节会介绍如何下载和配置新的模型。

　　图4-28是功能导航栏，我们可以快速选择不同的生图方式和使用一些拓展插件的功能。后面会详细介绍文生图、图生图、后期处理等功能。

图 4-26　秋叶整合包的 WebUI 文生图界面

图 4-27　选择模型

文生图	图生图	后期处理	PNG 图片信息	模型融合	训练	系统信息	Additional Networks
无边图像浏览	模型转换	超级模型融合	模型工具箱	WD 1.4 标签器 (Tagger)	设置	扩展	

图 4-28　功能导航栏

图 4-29 的左侧是信息输入区域，在文生图模式下，该区域为提示词输入区域，如果切换为图生图模式，就是提示词输入与图片输入区域。图 4-29 右侧是"生成"按钮区域，点击"生成"按钮即可生成图像，"生成"按钮下方还有一些辅助按钮，帮助我们更好地生成图像，后面的章节会介绍到。

图 4-29　信息输入区域和"生成"按钮区域

图 4-30 左侧是参数设置区域，通过这些设置，可以调整图像的处理方式和生成过程，后面的章节会详细介绍不同生图方式的参数设置。右侧是图像浏览

区域，在这里可以看到生成的图像，同时下方还有一些辅助按钮，方便快速储存和调用生成的图像。

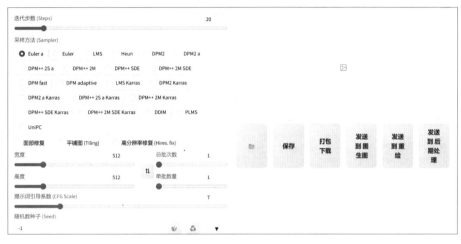

图4-30 参数设置区域和图像浏览区域

最后是一些常用的插件和脚本所在区域（图4-31）。后面的章节会介绍如何使用插件和脚本，提升出图的质量与效率。

图4-31 常用的插件和脚本

4.2.2 AI绘图操作流程

WebUI的基础操作流程并不复杂，大概可以分成5步：选择模型、输入信息、设置参数、点击生成、输出图像浏览。

通过基础操作流程就能看出，我们最终的出图效果是由模型、输入的信息和设置的参数三者共同决定的。其中，模型主要决定画风，输入信息主要决定画面的内容，而参数主要决定图像的处理方式和生成过程。

图4-32是文生图的操作流程，读者可以简单了解一下，下一章节我们会详

细介绍图像生成的一些基础知识。

图 4-32　文生图的操作流程

Stable Diffusion
图像生成

5.1 提示词生成图像

5.1.1 正向提示词与反向提示词

Stable Diffusion 有两种图像生成方式：文生图和图生图。我们先来介绍文生图，也就是通过输入文本生成图像。输入的文本被称为提示词，它可以指导模型，根据我们的需求生成艺术作品。简单来说，提示词是我们用来告诉 AI 要画什么，画成什么样的一种文字。在生成式人工智能快速发展的今天，提示词书写技巧将是我们必须掌握的一项技能。

在 Stable Diffusion 中，提示词分为了上下两部分，上面是正向的提示词，下面是反向的提示词，如图 5-1 所示。我们希望画面里出现什么，就将描述词输入到正向提示词中，我们不希望画面出现什么，就将描述词输入到反向提示词中。

图 5-1 正向提示词和反向提示词输入框

反向提示词可以没有，但一般我们也会输入一些通用的反向提示词，比如低质量、畸形的身体比例、错误的手和四肢等。秋叶的整合包里预设了一个基础起手式，可以在预设样式里选择基础起手式。

不同的整合包版本调用预设样式的方式也不同，如果生成区域是图 5-2 中左侧的样式，点击"生成"按钮下方的第四个黄色按钮，就能将准备好的提示词发送到提示词输入栏，如图 5-2 所示。当然我们也可以将自己写好的提示词保存到预设样式中，当我们输入好提示词之后，点击"生成"按钮下方的第五个保存按钮，就可以将写好的提示词保存了。如果生成区域是图 5-2 中右侧的样式，可以点击预设样式右侧的画笔按钮，进入新的界面去保存和调用预设样式。

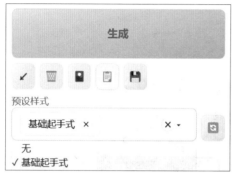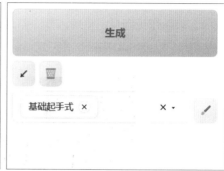

图5-2 生成区域

使用预设样式的基础起手式后，提示词输入框会被输入正向提示词和反向提示词。从图5-3中可以看到，在正向提示词中，我们希望生成的画面是高质量的，反向提示词则是将一些通用的不想在画面里出现的词语进行了汇总，这样我们的出图质量会有所提高。建议每次生成图像的时候都先使用预设样式，再输入准备好的提示词。

图5-3 预设后自动输入的正向和反向提示词

最后需要注意的是，提示词需要英文书写，如果英语水平足够好，可以直接用英语组织描述语言，当然也可以借助翻译软件等工具将想要生成图像的中文描述翻译成英文，再输入到提示词中。

5.1.2 提示词的逻辑与分类

提示词是以词组作为单位的，因此它不需要像真的英语句子一样有完整的语法结构。提示词的词组与词组之间需要插入分隔符，基本的分隔符是一个英文的半角逗号，因此在输入提示词的时候，需要把输入法切换到英文。提示词也可以换行，但每一行的行末最好加上英文半角逗号。

当我们刚开始书写提示词的时候，有时会比较"词穷"，不知道该怎么描述画面，只能在正向提示词输入框中打上一个词组：a girl，生成的图像就非常具有随机性，如图5-4所示。

图5-4　输入"a girl"生成的图像

提示词确实不是一下子就能写好的，需要先有一个想法，再根据提示词的逻辑慢慢补充。我们来梳理一下提示词的逻辑：首先提示词要展示人物或者主体的特征，以"a girl"为例，我们可以描述女孩穿的衣服类型、头发的颜色和长度、全身照还是特写、脸上的表情、肢体动作等，我们描述得越具体，AI的思路也越清晰。我们还可以加入一些形容词，例如"beautiful"等修饰词，虽然形容词比较抽象，但也能在一定程度上得到我们想要的画面。我们在基础起手式的基础上，丰富一下a girl的提示词，加入白色连衣裙、黑色头发、长发、微笑、全身、站立等提示词。并给a girl加上beautiful这个形容词，效果如图5-5所示。

图5-5　扩展a girl的提示词后生成的图像

其次是关于场景特点的，我们可以为这个女孩想象一个场景，比如在一片森林里，可以加入花丛、草地等元素。如果我们描述的是户外场景，最好加入"outdoors"提示词，在室内的话可以加入"indoors"提示词，它们会很显著地影响整个画面的氛围。关于环境的描述，也可以算作场景特点的一部分，比如画面的发生时间是在白天还是晚上，有没有阳光、云朵等，都可以写进去，这些提示词其实 AI 很好理解，因为它们也算是具象化的提示词。我们在之前提示词的基础上继续增加包含场景特点的内容：森林、花丛、草地、户外、阳光、云朵。效果如图 5-6 所示。

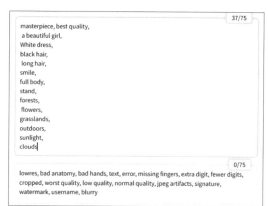

图 5-6　增加场景特点提示词后生成的图像

除了内容性的提示词，我们还可以补充画质、画风等标准化的提示词，它能让画面更趋近于某一个固定的标准，因为我们使用了预设样式中的基础起手式，所以正向提示词中已经出现了标准化的提示词，丰富了画面的质感和细节。

5.1.3　提示词的权重及语法

以前面绘制的图像为例，我们输入了"flowers"，也就是代表花丛的提示词，画面上出现了一小块花丛，如果我们想看到更多花丛的话，可以把花丛的权重和优先级增强。权重调整的基本方式有两种：

第一种方式是在提示词两侧加括号。注意括号也需要是英文半角的，不同的括号有不同的权重含义，加上圆括号之后，这个提示词的权重就会变成原来的 1.1 倍，相对于其他元素就会更突出。还可以套多层圆括号，每套一层就再乘以 1.1 倍，在我们加了两层圆括号以后，花丛就非常明显了，如图 5-7 所示。

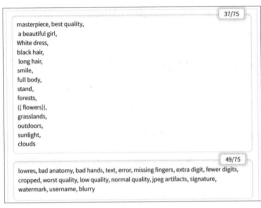

图 5-7　flowers 加双重小括号后图像中花丛增多

第二种方式是在括号中加上数字权重。在提示词两侧加上圆括号以后，可以直接在提示词后面加一个英文冒号，然后输入一个数字，数字可以直接定义这个提示词的权重，比如 1.5 就是原来权重的 1.5 倍，我们来看一下效果，花的数量明显变多了（图 5-8）。

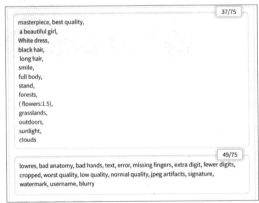

图 5-8　权重调为 1.5 倍时的花丛

当我们觉得生成的图像里有我们想突出的内容时，就可以借助上方这两种方式来调整提示词的权重，对多个提示词分别增加权重也是可以的，第二种在括号内加数字的方式会更方便、更准确一些。

在第一种加括号调整权重的方式中，除了圆括号，还有大括号和方括号两种选择，大括号代表 1.05 倍，调节的效果要更细微一点，如图 5-9 所示。

方括号会把提示词的权重设置为原来的 0.9 倍，如图 5-10 所示。

如果想削弱某一个提示词的影响，除了使用加方括号的方法，也可以使用

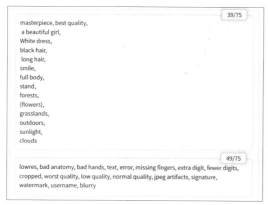

图5-9　加大括号调整花丛权重

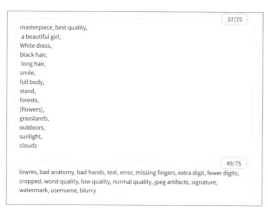

图5-10　加方括号调整花丛权重

在括号内加数字的方式，赋予提示词一个小于1的权重数字。需要注意的是，尽量避免个别提示词的权重过高或过低。提示词权重的设置范围在0.5到1.5之间即可，若我们赋予某个提示词2的权重，甚至更高的数值时，就很容易扭曲画面的内容，如图5-11所示。

除了权重可以调整，提示词还有一些其他语法可以使用。这些语法使用频率不高，因此在这里只做简单介绍，有兴趣的读者可以自行尝试。语法包括分步绘制、停止绘制、打断提示词、融合提示词和交替绘制。

① 分步绘制可以控制特定关键词的步数占比，语法示例为：［提示词A：提示词B：0.3］，注意所有的符号都是英文半角，这个语法代表了前百分之三十的步数绘制提示词A，剩下的步数绘制提示词B。

② 停止绘制也是可以控制特定关键词的步数占比，但这个语法只针对单个关键词，语法示例为：［提示词A::0.3］，这个语法代表了前百分之三十的步数绘

图5-11　高权重花丛

制提示词A，后面的步数不再绘制这个提示词。

③ 打断提示词可以打断前后提示词的联系，语法示例为：提示词BREAK提示词，这样可以在一定程度上减少提示词污染的情况，尤其是一些颜色相关提示词的污染。

④ 融合提示词可以将前后提示词的内容联系起来，语法示例为：提示词AND提示词，这样模型在绘制时就会关联前后的提示词，最终呈现出两个提示词融合的特征。

⑤ 交替绘制也可以将前后提示词的内容联系起来，语法示例为：[提示词A|提示词B]，在绘制图像时每一步迭代后都会切换另一个关键词，最终呈现出两个提示词融合的特征。

5.2　出图参数设置

5.2.1　迭代步数与采样方法

在之前的章节中，我们介绍了AI生成图像的原理。Stable Diffusion生成图像时，会经过一个增加噪声再去除噪声的过程，去除噪声就是在用像素一点点地模拟我们想要生成的图像，每模拟一次，画面就会变得更清晰一点，也就相当于迭代了一步，如图5-12所示。

图5-12　迭代步数设置

理论上迭代步数越多，最终效果就越清晰，但实际上，当步数大于20步以后，后面的提升并不大，而增加步数肯定意味着更长的计算时间。所以默认的迭代步数一般都是20，如果算力充足并且想追求更好的细节，可以将迭代步数设置为30～40步，最低不要低于10步，不然生成的图像质量会很低。以刚才的森林女孩为例，来看一下不同迭代步数下生成的图像，如图5-13所示。

图5-13　不同迭代步数生成的"森林女孩"

采样方法其实可以简单解释成AI进行图像生成的时候使用的某种特定算法，秋叶整合包中提供的算法选项非常多，但我们常用的也就4～5个，如图5-14所示。

图5-14　采样方法选择

因提示词和模型不同，采样方法之间可能会有所差异，在实际使用的时候，我们可以使用图5-14中Euler a和Euler这两个算法，以及最下面几个带有加号的算法。此外，大部分模型也会推荐使用某一种特定的算法，这可能是模型制作者自己测试过的，后面我们介绍模型的时候会继续讲解。

以刚才的森林女孩为例，来看一下不同采样方法下生成的图像（图5-15）。

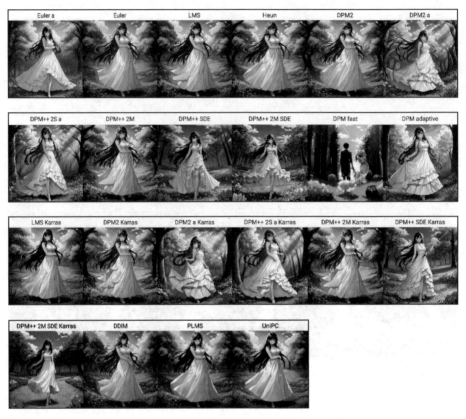

图5-15　不同采样方法生成的"森林女孩"

5.2.2　分辨率设置

采样方法下方的宽度和高度代表的是最终出图时候的分辨率，如图 5-16 所示。

图5-16　分辨率设置

默认的分辨率是 512×512，但这个分辨率下的图像可能比较模糊，设备允许的情况下，一般会把它提到 768 ～ 1024。但是分辨率设置得太高也是会有问题的，一是显卡显存可能会难以支撑，二是 AI 在进行模型训练的时候，使用的图像分辨率一般都比较小，如果分辨率设置太大，AI就会认为这是需要多张图像拼接而成的图像。

还有一个需要注意的地方，在生成全身照的时候，人脸所占的比例较小，因此需要开启面部修复，分辨率最好也要设置成竖向的比例，符合人的身材比例，设备性能一般的情况下，推荐设置宽度为512，高度为768。采用低分辨率先绘制，再靠高分辨率修复来放大，如图5-17所示。绘制动漫插画时，放大算法可以选择R-ESRGAN 4x+ Anime6B算法，高分辨率修复相当于后期处理，后面我们会介绍到。在文生图的时候开启高分辨率修复会消耗较多时间，在设备性能允许的情况下，建议还是提高分辨率进行绘制。

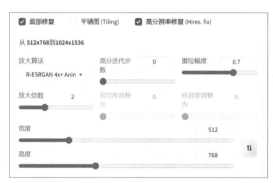

图5-17　高分辨率修复放大图像

5.2.3　生成批次与生成张数

因为AI绘画具有不确定性，即便是同一组提示词也需要反复试验。期待某组提示词在某一瞬间给到我们一个完美的图像，这个实验过程有时候会很漫长，可能会经过几十次甚至上百次。如果想让AI一直按照同一组提示词和参数去出图，就可以将总批次数或单批数量的数值增加，如图5-18所示。

我们拿搬运10箱货物举例，总批次数就相当于每次搬一箱，一个普通人搬十次就搬完了。单批数量相当于一个超人，一次搬运10箱。所以推荐的是把总批次

| 总批次数 | 1 |
| 单批数量 | 1 |

图 5-18 "总批次数"和"单批数量"设置

数调高，它是一张一张绘制的，结束绘制以后它会生成两样东西，除了每个批次生成的图像，还会有一张拼在一起的预览图（图 5-19），方便我们进行对比。

图 5-19 拼在一起的预览图

下面的单批数量不建议增大，它可以让每批次绘制的图像数量增多，理论上效率会更高，但这种绘制方法是把所有图像拼在一起，看作一张更大的图像一次去画，对设备性能要求很高。

5.2.4 提示词引导系数

提示词引导系数是整体提示词的权重，它决定了AI自由发挥的强弱，如图5-20所示。

图5-20 "提示词引导系数"设置

提示词引导系数的数值越低，AI越会自由发挥；数值越高，AI生成的图像反映提示词的程度就越高，但一般也不要设置太高，范围在7～12之间就可以，太高或者太低，画面的不确定性会更大，如图5-21所示。

图5-21 提示词引导系数由低到高生成的图像

5.2.5 随机数种子

随机数种子也是一个可以用来控制画面内容一致性的重要参数，它有两个功能按钮：骰子按钮和循环按钮。点击骰子按钮，可以把随机参数设置成-1，即每次都生成一张新的图像。点击绿色循环按钮，就会把种子设置成上一张图像的种子，保持画面的一致性，如图5-22所示。

图5-22 "随机数种子"设置

打开输出文件夹，可以看到我们之前生成的一些图像，它们的名称里包含了生成时的种子号码，编号后方、提示词前方的长串数字就是图像的种子，如图5-23所示。

00405-189050435-masterpiece, best quality,_a beautiful girl,White dress,_black hair,_long hair, _smile, _full body, …

00406-189050435-masterpiece, best quality,_a beautiful girl, White dress,_black hair,_long hair, _smile, _full body, …

00407-189050435-masterpiece, best quality,_a beautiful girl, White dress,_black hair,_long hair, _smile, _full body, …

00408-189050435-masterpiece, best quality,_a beautiful girl, White dress,_black hair,_long hair, _smile, _full body, …

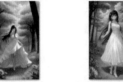

00409-189050435-masterpiece, best quality,_a beautiful girl, White dress,_black hair,_long hair, _smile, _full body, …

00410-208960751-masterpiece, best quality,_a beautiful girl, White dress,_black hair,_long hair, _smile, _full body, …

00411-2057238956-masterpiece, best quality,_a beautiful girl, White dress,_black hair,_long hair, _smile, _full body, …

00412-2057238957-masterpiece, best quality,_a beautiful girl, White dress,_black hair,_long hair, _smile, _full body, …

00413-2057238958-masterpiece, best quality,_a beautiful girl, White dress,_black hair,_long hair, _smile, _full body, …

00414-2057238959-masterpiece, best quality,_a beautiful girl, White dress,_black hair,_long hair, _smile, _full body, …

00415-2057238960-masterpiece, best quality,_a beautiful girl, White dress,_black hair,_long hair, _smile, _full body, …

00416-2057238961-masterpiece, best quality,_a beautiful girl, White dress,_black hair,_long hair, _smile, _full body, …

图 5-23　图像名称中的种子号码

5.3　图像生成图像

5.3.1　图生图入门

之前我们介绍了 Stable Diffusion 有两种图像生成方式：文生图和图生图。在文生图的过程里，我们借助了一些提示词让 AI 知道我们想让它画什么，画成什么样，但 AI 绘画是有一定的随机性的，因此画出来的样子也不一定完全符合我们的需求。

当我们觉得提示词不足以表达我们的想法，或者希望以一个更为简单清晰的方式传递一些要求的时候，那就可以使用图像生成图像的方式了。此时图像的作用和文字是相同的，就是都作为一种信息输送给 AI，让它用来生成一张新的图像。

打开Stable Diffusion，选择图生图模式，在主体功能结构上，图生图和文生图区别不大，有提示词输入框，也有参数设置，多了一个导入图像的区域和一些参数的设置栏，如图5-24所示。

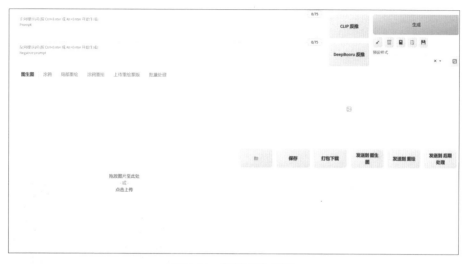

图5-24 "图生图"界面

准备一张花的照片，我们把它导入到Stable Diffusion里面，导入图像的方式有两种，一种是直接拖拽到对应的位置并松开，另一种是单击这块区域，再打开资源管理器，选择文件夹里的图像，点击打开，看到图像出现在这里就成功了，如图5-25所示。

然后根据照片上的信息输入提示词：牡丹、没有人、花、户外、模糊背景、叶子、植物、自然、阳光，如图5-26所示。

图5-25 导入图像

图5-26 输入提示词

最后就是参数设置了。图生图的参数，大部分和文生图是一致的，比如采样方法、迭代步数等，但也有一些它独有的选项，这里面最为醒目的应该是图5-27中的重绘幅度。重绘幅度其实并不难理解，它也是 AI 自由发挥的设置，重绘幅度越小，生成的图像和原图就越像。为了和原图相似程度高一点，我们将重绘幅度设置为0.5。

另外，如果使用图生图方式，还要根据参考图像的尺寸，定义生成图像的宽度和高度，点击高度后方的三角尺按钮，就能获取到原图的分辨率。如果想要调整分辨率，除了直接设置图像宽、高，还可以使用设置重绘尺寸倍数的方式，对生成图像的分辨率进行一定倍数的放大和缩小。

生成的图像如图5-28所示，可以看到还原程度还是很高的。

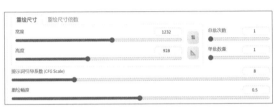

图 5-27　重绘尺寸设置

图 5-28　生成的图像

5.3.2　局部重绘

还记得我们之前画过的这张图吗？如图 5-29 所示。假设这是一个我们反复尝试以后，觉得基本满意的画面，但还想在此基础上再做改进，比如将左侧的花去掉，变成草地，该如何操作呢？

可以使用局部重绘的图生图方式。选择局部重绘标签，上传之前生成的这张图像（图5-29），当把鼠标移动到图像区域上时，会出现一个黑色的画笔笔尖，如图5-30所示，使用它可以在图像上涂出黑色区域，让这个黑色区域覆盖住想要 AI 重绘的地方。图5-30右上角有四个功能按钮，上方的第一个按钮是撤销按钮，画错了可以回退到上一步操作；第二个按钮是擦除按钮；第三个按钮是删除图像按钮；下方的这个按钮点开以后会出现一个滑块，左右移动可以改变画笔笔触的大小，大笔触可以涂抹覆盖大片区域，小笔触适合沿着边缘精细地涂抹。我们将左侧的花丛进行涂抹。

图5-29　草地上的女生图像

图5-30　局部重绘

然后将提示词进行修改，在正向提示词中输入草和一些标准提示词，在反向提示词中输入花，如图5-31所示。

图5-31　输入提示词

涂抹好重绘区域并填写好提示词之后，来到图5-32所示的参数设置，这里又多了一些新的选项，一般维持默认设置即可。

图5-32　参数设置

下面简单介绍一下这些参数：

- 在默认的重绘蒙版内容模式下，AI会把我们涂黑了的部分重新绘制，其他部分保留。但如果选的是重绘非蒙版内容，那么我们涂黑了的区域将被保留，其他地方会被AI重新绘制。

- 蒙版区域内容处理。可以想象是 AI 接收到的信息，选择"原图"就是原图的内容，如果想给 AI 多一点发挥空间，可以选择"填充"，AI 会把原图高度模糊以后，再输入进去。剩下两种选项读者可以自行尝试。
- 重绘区域的"整张图片"和"仅蒙版区域"，是 AI 绘图时的处理逻辑。如果选择的是"整张图片"，那 AI 会基于新的要求，把整张图重新绘制一遍，但最后只保留蒙版区域的内容。如果选择的是"仅蒙版区域"，AI 就会把框出来的这块区域当成一张完整的图像去画，然后再拼回去。"仅蒙版区域"涉及的区域小，绘制速度固然更快，但因为没有办法读取图像全貌，所以经常出现拼上去以后图像不兼容的问题。"仅蒙版区域下边缘预留像素"的默认数值是 32，可以保证比较好的拼合效果。

最后我们设置一下重绘尺寸，将提示词引导系数和重绘幅度增加，保证画面按照我们的想法呈现，如图 5-33 所示。

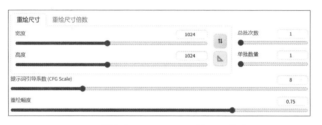

图 5-33　增加提示词引导系数和重绘幅度

点击"生成"，效果如图 5-34 所示。

图 5-34　生成的左边是草地的图像

5.3.3　涂鸦重绘

还是这张图像（图5-35），如果想在这张图的基础上再做一个新的改进，比如在保留图像其他内容的情况下，将白色的裙子变成黄色的裙子，该怎么操作呢？

我们可以使用涂鸦重绘的图生图方式。选择涂鸦重绘标签，上传之前生成的这张图像（图5-35），涂鸦重绘的使用方法和局部重绘基本没有什么不同，但注意看图5-36右上角多出了一个调色盘按钮，我们可以借助这个调色盘，将画笔颜色改成黄色，并调整笔触大小，绘制一个黄色的裙子。

图5-35　穿白裙子的女生图像

图5-36　涂鸦绘制黄色裙子

维持默认参数，设置一下重绘尺寸，将提示词引导系数和重绘幅度增加，保证画面按照我们的想法呈现，参数设置如图5-37所示。

图5-37　涂鸦重绘参数设置

107

点击"生成"，效果如图 5-38 所示。

图 5-38　生成的穿黄裙子的女生图像

5.3.4　其他图生图方式简介

除了前面介绍的三种图生图方式（图生图、局部重绘、涂鸦重绘）外，还有三种方式，分别是涂鸦、上传重绘蒙版和批量处理。

① 涂鸦。相当于涂鸦重绘的简化版，它并没有添加蒙版，只是使用画笔在图像上涂抹颜色，然后将手绘后的图像进行整体重绘，因此它不能在不改变其他区域的情况下，精准重绘某一个区域，这种方式适合直接上传一个涂鸦图片，然后给出一些提示词进行创意生成，如图 5-39 所示。

图 5-39　"涂鸦"生成图像

②上传重绘蒙版。虽然之前介绍的涂鸦重绘方式效果很好，但毕竟手动涂抹的方式不够准确，因此 WebUI 还提供了自行上传蒙版的方法来精准控制重绘区域。上传重绘蒙版和局部重绘的页面基本相同，区别在于支持额外上传一张已绘制好的蒙版图。读者可以使用 PS 等处理工具进行抠图，将抠出的内容设置为黑色蒙版，并导出蒙版图像，如图5-40所示。在第8章也会介绍一个插件来帮助读者快速获取蒙版。

图5-40　"上传重绘蒙版"生成图像

③ 批量处理。这种方式可以批量对图像进行重绘操作。需要输入参考图文件夹路径和输出文件夹路径，将整个文件夹中的图片批量重绘，读者可以自行尝试，如图 5-41 所示。

图 5-41　批量处理

6

Stable Diffusion
进阶使用

6.1　图像生成进阶

6.1.1　主模型的介绍与使用

在第 5 章中，我们生成的图片基本是动漫风格的，如果想换一个风格，比如写实风格，仅靠提示词是不够的。图 6-1 展示了仅通过在正向提示词中增加现实风格词语的方式生成的图像。可以看到生成的人物确实不像之前那么卡通了，有了一些现实风格，但是整体的画风还是偏向动漫风格的。

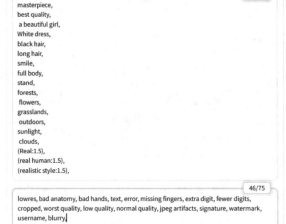

图 6-1　增加现实风格词语的方式生成图像

在第 4 章中，介绍了对画风起决定性作用的是模型，所以当我们将动漫风格的模型切换为现实风格的模型时，生成的图像就是现实风格了（图 6-2）。

模型有多种类别，前面调整的模型叫作主模型，还有一些拓展模型在后面的内容中会介绍，这些模型可以帮助我们生成一些特定风格的图像，接下来我们了解一下主模型的相关内容。

主模型的全称为"Checkpoint 模型"，也就是"检查点模型"，它包含了 TextEncoder（文本编码器）、U-net（神经网络）和 VAE（图像编码器）。就像玩游戏时我们会保存进度，以便之后重新加载或回退一样，模型训练过程中也会在关键时刻创建"检查点"，我们可以在这个"检查点"下生成图像，验证模型效果，因此模型是不断迭代的，但不意味着后面的版本就一定比之前的版本好，使用主模型时，可以先看一下模型作者的推荐版本。

秋叶的整合包中提供了一个动漫风格的主模型，如果想使用其他风格的主模型，还需要下载模型并放置到本地文件夹的指定目录中。下载模型主要有两种方式，分别是从模型网站下载和从整合包的模型管理处下载。

在第4章的自主配置部分，我们介绍了一个下载模型的网站：huggingface，简称"抱脸网"，如图6-3所示，网站地址见前言二维码中链接6-1。这个网站是一个AI社区，不仅能下载Stable Diffusion相关模型，

图6-2　现实风格模型生成图像

还能够下载其他领域的机器学习模型，不过该网站比较专业，搜索模型较为复杂，预览模型效果图的体验也不是很好，所以想要快速预览并下载模型的读者可以使用后面介绍的专门提供Stable Diffusion模型下载的网站。

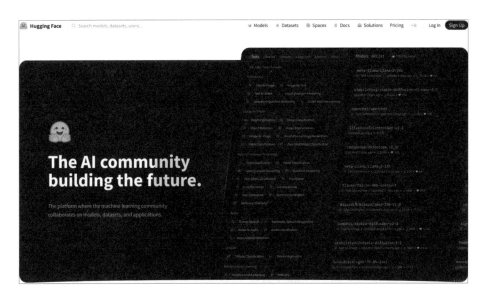

图6-3　"抱脸网"

接下来介绍另一个可以下载模型的网站：Civitai，简称为C站，网址见前言二维码中链接6-2。区别于"抱脸网"，它是一个专业的AI绘画模型分享平台，无须注册即可访问和下载模型，并且网站里包含了模型的详细介绍、使用教程、参考图等丰富内容。进入官网，如图6-4所示，点击"models"按钮，即可看到模型，可以点击右上方的筛选按钮，只预览Checkpoint模型，还可以点击不同的分类，找到不同领域的主模型。

图6-4　Civitai网站

最后介绍一款国内的模型下载网站，这个网站在第4章也出现过，就是哩布哩布AI，网址见前言二维码中链接6-3，它是一款国内的AI绘画原创模型网站，包含大量模型和绘图作品，还支持在线进行Stable Diffusion绘图。该网站也可以进行模型的筛选和模型的分类预览，如图6-5所示。

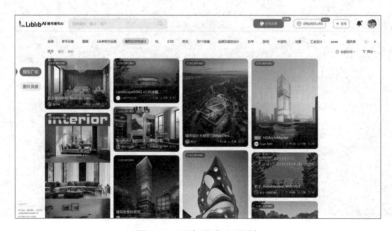

图6-5　哩布哩布AI网站

介绍完如何从模型网站下载模型之后，我们再来了解一下如何从整合包的模型管理处下载模型。在秋叶整合包启动器的插件管理页里，可以直接搜索和下载模型，不过模型下载的速度会比较慢，并且不能直接预览模型生成图像的效果图。如图6-6所示，打开启动器后，点击左侧边栏的"模型管理"按钮。

图6-6　秋叶整合包启动器

进入模型管理页面之后，就可以选择想要的模型进行下载了。如图6-7所示，下载好的模型会直接存储到模型的文件夹中。在WebUI打开的情况下，同样能下载和添加新的模型，完成后点击"刷新"按钮进行加载，这样就能选择

图6-7　模型管理页面

新添加的模型了。

如果模型是从模型网站下载的话，我们需要将下载好的模型文件存放到Stable Diffusion安装目录\models\Stable-diffusion文件夹中，如图6-8所示。

图6-8　下载好的模型文件存放地址

主模型的选择非常重要，使用优质的主模型可以生成高质量的图片，Stability AI发布的开源绘图模型——Stable Diffusion XL 1.0，被誉为迄今为止（笔者于2023年11月完稿）最大的绘图模型，参数量达到了惊人的66亿级，如图6-9所示筛选此模型。与以前的版本相比，XL 1.0的分辨率、细节展现和智能提示词识别效果都得到了显著提升，能够更好地支持不同的艺术风格。此次发布的模型被视为AI绘画领域的一个里程碑，但这个模型对硬件要求比较高，有兴趣的读者可以在相关网站搜索SDXL模型进行下载，网站上还有很多基于SDXL模型的微调主模型供选择。

图6-9　筛选Stable Diffusion XL 1.0模型

6.1.2　拓展模型的介绍与使用

主模型的训练采用的是 DreamBooth 这种训练方式，DreamBooth 能够微调整个模型，从而获得特定的输出风格。然而，这种全方位的微调对于普通用户来说是非常有挑战性的，除了时间和精力成本外，还需要高端的硬件支持。因此，许多研究者和用户开始考虑使用扩展模型，如 Embeddings、LoRA 和 Hypernetwork 等。结合适当的主模型，这些扩展模型也能实现令人满意的图像调控效果。

（1）Embeddings 模型

Embeddings 又被称作嵌入式向量，前面介绍的 Stable Diffusion 模型包含文本编码器、扩散模型和图像编码器三部分，其中文本编码器 TextEncoder 的作用是将提示词转换成电脑可以识别的文本向量，而 Embeddings 模型的原理就是将具有特定风格或特征的信息嵌入其中，当我们输入对应关键词时，模型将调用相应的文本向量来生成图像。

Embeddings 模型的训练是针对提示文本进行的，因此这种方法被称为 Textual Inversion（文本倒置）。值得注意的是，Embeddings 模型通常非常小，有时只有几十 KB，这是因为 Embeddings 并不存储大量信息，而是标注关键信息。简而言之，我们可以把 Embeddings 看作是经过优化的提示词集合。它为我们提供了方便和快速的方式来引导模型，比如热门的 EasyNegative 模型，可以帮助避免一些常见的绘图错误。

下载 Embeddings 模型的方式和主模型相同，如果选择从网站下载，可以筛选 Embeddings 模型进行下载，如图 6-10 所示。在一些模型网站中，Embeddings

图6-10　从网站下载 Embeddings 模型

和 Textual Inversion 通常是指同一种模型。

在整合包的模型管理处也可以下载 Embeddings 模型，整合包内置了刚才提到的非常优秀的 EasyNegative 模型，如图 6-11 所示，但是相对于模型网站而言，整合包提供的模型选择比较少。

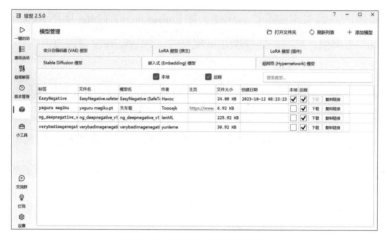

图 6-11　从整合包下载模型

在模型网站中下载好 Embeddings 模型之后，同样需要手动将其放置到 Stable Diffusion 安装目录下 \embeddings 文件夹中。从整合包下载的模型会自动放置到这个文件夹中，如图 6-12 所示。为了方便后面展示，这里下载一个绘制新娘的 Embeddings 模型，文件的体积是非常小的。

图 6-12　Embeddings 模型存储地址

最后介绍一下 Embeddings 模型如何使用，如图 6-13 所示，点击"生成"按钮下方的第三个紫色按钮，可以显示和隐藏拓展模型。点击之后，选择"嵌入式"选项，就能看到我们存放在文件夹中的两个 Embeddings 模型了，使用时单击提示词输入框，再点击对应的模型卡片，关键词就会被自动添加到提示词输入框中，这时再点击"生成"按钮便能看到 Embeddings 模型的效果了。这里我们添加描述新娘特征的Embeddings模型到正向提示词输入框中，再添加可以避免生成图像有错误的EasyNegative模型到反向提示词中，选择一个现实风格的模型，点击"生成"按钮，就可以看到生成的图像具备了新娘的特征，并且这个特征是固定的，多次生成后服饰也不会有太大变化，而我们的提示词仅仅是一个简单的"style-bridal"。

图 6-13　Embeddings 模型生成新娘

（2）LoRA模型

虽然Embeddings模型轻便且实用，但它在很大程度上仍然是基于主模型的调整，不能帮助我们生成主模型中没有记录过的相关图像。因此，既轻便又能存储图像信息且能够提供高质量输出的LoRA模型受到了大家的欢迎。

LoRA是low-rank adaptation models的缩写，即低秩适应模型。它原先并不是为AI绘画设计的模型，而是由微软研究员为大型语言模型微调创造的。例如像GPT3.5这样的模型，拥有海量的参数，对其进行全面的微调既耗费时间又占用大量计算资源。LoRA的引入改变了这一现状，它允许研究者直接将新训练的参数嵌入现有的神经网络结构，从而避免对整个模型进行烦琐的微调。这种策略不仅避免了对原模型的大规模改动，还大幅缩减了训练所需的参数数量，并加速了模型的训练速度。

LoRA模型的主要应用场景是锁定特定目标的特征。这里的"目标"可以是人或物体，而可以锁定的特征几乎是无限的，从动作、年龄、表情和衣着，到材料、视角和绘画风格等都能精确模拟。因此，LoRA在动漫角色设计、画风渲染、场景设计等方面都表现出色。

下载LoRA模型的方式和前面介绍的下载模型的方式相同，这里不过多介绍了，可以选择从网站筛选LoRA模型进行下载（图6-14），也可以在整合包的模型管理处下载LoRA模型。

图6-14　从网站下载LoRA模型

在模型网站中下载好LoRA模型之后，同样需要手动将其放置到Stable Diffusion安装目录下\models\Lora文件夹中，整合包下载的模型会自动放置到这个文件夹中，如图6-15所示。为了方便后面展示，这里下载一个盲盒风格的LoRA模型，文件的体积相对于大模型来说也并不是很大。

图6-15　LoRA模型存储地址

实际使用时，和Embeddings模型的使用方法一样，在显示的拓展模型中选择"lora"选项，就能看到我们存放在文件夹中的LoRA模型了。使用时单击提示词输入框，再点击对应的模型卡片，关键词就会被自动添加到提示词输入框中。与

Embeddings模型不同的是，我们还可以自行设置LoRA模型对图像生成的影响权重。默认权重是1，我们可以更改冒号后的数字，控制LoRA模型的权重。这里我们通过生成一张在森林小路中奔跑的小女孩的图像，展示LoRA模型的使用方法和出图效果。我们选择整合包内置的动漫模型，LoRA模型的权重设置为1.2，提示词就使用之前介绍过的基础起手式，再加上描述人物主体和环境的一些提示词。

正向提示词如下，点击"生成"观察一下效果，如图6-16所示。

masterpiece, best quality,

1 girl, child, long hair, black hair, hat, blue eyes, blue dress, backpack, full body, chibi, smile,

looking at viewer, running,

outdoors, path, flower, tree, grass, butterfly,

<lora:blindbox_V1Mix:1.2>

图6-16　生成"在森林小路中奔跑的小女孩"图像

可以看到，使用LoRA模型生成的图像和之前只通过动漫模型生成的图像有较大区别，图像的风格更接近生活中的盲盒手办，这个就是LoRA模型的特点，读者可以尝试下载其他LoRA模型，生成指定特征的图像。

有些LoRA模型的作者会在训练时加上一些触发词，我们在下载模型时可以看到"Trigger Word"，如图6-17所示，建议读者在使用LoRA模型时加上这些触发词，如果模型详情中没有触发词，直接调用即可，模型会自动触发控图效果。图 6-17 展示了图 6-16 中使用的盲盒模型的触发词。

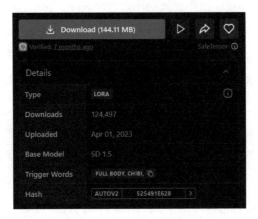

图 6-17　盲盒模型的触发词

（3）Hypernetwork 模型

我们再来了解一下 Hypernetwork 模型。它的原理是在扩散模型之外新建一个神经网络来调整模型参数，而这个神经网络也被称为超网络。虽然超网络这名字听起来很"厉害"，但其实它在社区中并未获得广泛好评，而逐渐在被 LoRA 模型取代。因为它的训练难度很高且应用范围较窄，目前大多时候用于控制图像画风。所以除非是有特定的画风要求，否则还是建议读者优先选择 LoRA 模型。

图 6-18 是 Hypernetwork 模型的存储地址，下载流程和使用流程与 LoRA 模型基本相同，这里就不再重复介绍了。

图 6-18　Hypernetwork 模型的存储地址

（4）VAE 模型

VAE 模型的主要功能是将潜空间的图像信息转化为正常图片，主要用于图像修复而非风格控制。在使用网络上的某些主模型时，可能会遇到生成图像饱和度低或呈灰色的问题，这主要是由于主模型的VAE文件损坏或与其他模型融合时存在问题。为了避免复杂的全模型修复，WebUI提供了使用外置VAE的选项，这样在绘图时就可以直接使用正常的VAE修复色彩问题。所以VAE模型并不是用来调色的，而是用于图像修复的。

对于有问题的模型，作者一般也会在介绍页附上他们推荐的VAE模型，如果实在不知道使用什么VAE模型，可以使用整合包中自带的模型，秋叶整合包里内置了两个VAE模型，比较推荐的是图6-19所示的VAE模型。VAE模型的使用方式和前几个拓展模型不同，直接在主模型右侧的VAE模型选择区选择合适的模型即可。

外挂 VAE 模型
vae-ft-mse-840000-ema-pruned.safetensors

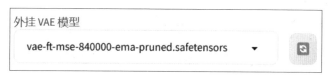

图6-19　推荐的外挂VAE模型

在模型网站中下载好VAE模型之后，同样需要手动将其放置到Stable Diffusion安装目录下\models\VAE文件夹中，整合包下载的模型会自动放置到这个文件夹中，如图6-20所示。

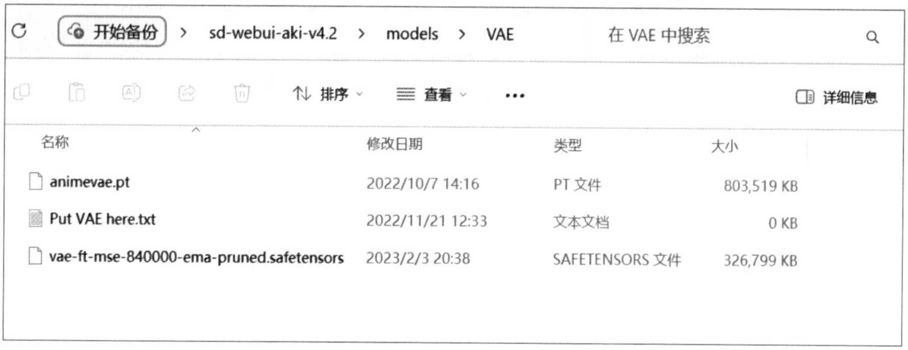

开始备份
sd-webui-aki-v4.2
models
VAE
在 VAE 中搜索
排序
查看
详细信息
名称
修改日期
类型
大小
animevae.pt
2022/10/7 14:16
PT 文件
803,519 KB
Put VAE here.txt
2022/11/21 12:33
文本文档
0 KB
vae-ft-mse-840000-ema-pruned.safetensors
2023/2/3 20:38
SAFETENSORS 文件
326,799 KB

图6-20　VAE模型存储地址

我们也可以对比一下使用VAE模型和不使用VAE模型的差异。如图6-21所示，使用VAE模型后，生成的图像的色彩确实艳丽了很多，但是不使用VAE模型的图像也没有出现图片发灰的情况，这是因为秋叶整合包内置的动漫模型是没有破损的，所以读者需要根据实际情况选择并使用VAE模型。

图6-21　不使用VAE模型和使用VAE模型的差异

6.1.3　使用AIGC工具辅助生成提示词

在生成图像之前，我们需要确定生成图像的主题，但是与主题相关的提示词我们只能根据自己的经验来编写，如果想快速根据主题生成对应的提示词，可以使用ChatGPT等工具。

下面展示一个和ChatGPT对话，并获得提示词的案例，供读者参考，对话内容如下（图6-22）：

你现在需要扮演一个具有了解很多画作的提示词助理，我会给出一个主题，你的任务是根据这个主题想象一幅完整的画面，然后转化成一份详细的、高质量的提示词，让Stable Diffusion可以生成高质量的图像。

Stable Diffusion是一款利用深度学习的文生图模型，支持通过使用提示词来产生新的图像，提示词主要描述要包含或省略的元素。提示词用来描述图像，由普通常见的单词构成，使用英文半角"，"作为分隔符。内容包含画面主体、所处环境、图像质量等部分，比如一个在森林中奔跑的女孩就可以使用以下提示词：

masterpiece, best quality,

1 girl, child, long hair, black hair, hat, blue eyes, blue dress, backpack, full body, chibi, smile,

looking at viewer, running,

outdoors, path, flower, tree, grass, butterfly,

　　仿照例子，给出一套详细描述主题内容的提示词，并在提示词下方给出一段对应的中文翻译，我的第一个主题是中式建筑。

　　我们根据ChatGPT 提供的提示词选择一个现实风格的模型，设置一下横图的分辨率，生成四张图片，如图6-23所示，生成的图像是符合主题的。读者可以使用其他类似的AIGC工具辅助生成提示词，也可以删掉其中不需要的提示

✦ GPT-4

HU　你现在需要扮演一个具有了解很多画作的提示词助理，我会给出一个主题，你的任务是根据这个主题想象一幅完整的画面，然后转化成一份详细的、高质量的提示词，让Stable Diffusion可以生成高质量的图像。
StableDiffusion是一款利用深度学习的文生图模型，支持通过使用提示词来产生新的图像，描述要包含或省略的元素。提示词用来描述图像，由普通常见的单词构成，使用英文半角","作为分隔符。内容包含画面主体、所处环境、图像质量等部分，比如一个在森林中奔跑的女孩就可以使用以下提示词：
masterpiece, best quality,
1 girl, child, long hair, black hair, hat, blue eyes, blue dress, backpack, full body, chibi, smile,
looking at viewer, running,
outdoors, path, flower, tree, grass, butterfly,
仿照例子，给出一套详细描述主题内容的提示词，并在提示词下方给出一段对应的中文翻译，我的第一个主题是中式建筑

⑨　masterpiece, best quality,
Chinese architecture, traditional, pagoda, multi-tiered, carved wooden beams, dragon motifs, red lanterns, intricate gold ornaments, stone lions, moon gate,
front view, surrounded by ancient walls,
outdoors, stone pathway, bamboo grove, lotus pond, koi fish, weeping willow, courtyard, tiled roofs, distant mountains with mist.

中文翻译：
杰作，最高质量，
中式建筑，传统，宝塔，多层，雕刻的木梁，龙图案，红灯笼，精致的金饰，石狮，月亮门，
正面视图，被古墙环绕，
户外，石径，竹林，莲花池，锦鲤，垂柳，庭院，瓦屋顶，远处有雾的山脉。

↻ Regenerate

图6-22　与ChatGPT对话获得提示词

词，或者由 AIGC 工具启发，添加一些新的符合主题的提示词。

图 6-23　生成的中式建筑图像

6.2　常用脚本介绍

6.2.1　X/Y/Z脚本

在 WebUI 界面的左下方提供了脚本的选择，如图 6-24 所示，这里的脚本其实就是保存在 Stable Diffusion 安装目录下 \scripts\ 中的 Python 脚本文件，目的是为我们提供一些方便的功能。

脚本

无
提示词矩阵
从文本框或文件载入提示词
√ X/Y/Z 图表
controlnet m2m

图 6-24　WebUI 提供的脚本

　　不同的模型和不同的参数会对我们生成图像的效果产生影响，如果我们不知道什么样的模型或参数更适合，可以通过对比的方式找到合适的模型和参数。X/Y/Z脚本可以帮助我们进行比较，并且它生成图像的方式是总批次数的方式，图像是一张一张生成的，根据显卡算力和显存的不同，图像生成时间也不同。

　　X/Y/Z脚本可以比较的内容非常多，比如模型、迭代步数、提示词等，图6-25中只展示了一部分，读者可以自行尝试。

图6-25　X/Y/Z脚本可比较的内容

　　X/Y/Z脚本的三个轴均可以填入需要比较的内容，如图6-26所示。接下来我们通过一个案例了解一下不同类型的内容如何添加。

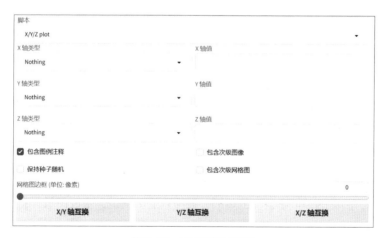

图6-26　X/Y/Z脚本详情

　　我们希望比较不同的模型、不同的迭代步数和不同的提示词对生成图像的影响。这里为了展示，对X、Y、Z三个轴进行了设置，但是实际情况下，可以单一比较或者两两比较。

如图 6-27 所示，首先在 "X 轴类型" 中选择模型名，单击 "X 轴值" 选择框，可以点击需要比较的模型，该模型就会自动填入到输入框中，不需要时可以点击删除。直接点击右侧黄色的 "模型库" 按钮，将所有模型全部加载，也可以删除不需要的模型。

图 6-27　X 轴设置

然后在 "Y 轴类型" 中选择迭代步数，单击 "Y 轴值" 输入框，输入不同的步数，注意步数之间使用英文的半角逗号进行分隔。如果需要比较的步数比较多，而且又有递增规律，也可以选择图 6-28 中后面两种输入方式。

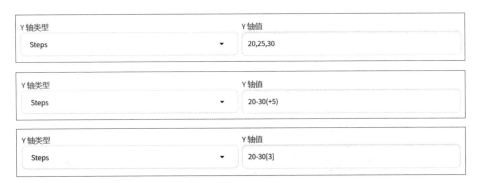

图 6-28　Y 轴设置

最后在 "Z 轴类型" 中选择提示词搜索/替换，单击 "Z 轴值" 输入框，可以输入需要搜索的提示词和需要替换的提示词，如图 6-29 所示，第一个词是搜索的单词，后面的单词是替换的单词，被搜索的单词也会生成图像。

图 6-29　Z 轴设置

我们使用第5章中出现了多次的森林中的白色连衣裙少女来进行X/Y/Z脚本的展示，如图6-30所示，可以看到不同的模型、不同的迭代步数和不同的提示词对图像生成的影响，后续可以根据图像生成效果找到合适的模型和参数。

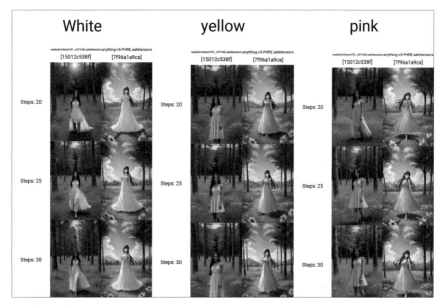

图6-30　X/Y/Z脚本生成的图像比较

6.2.2　提示词矩阵脚本

6.2.1节介绍的提示词搜索替换可以帮助我们比较不同提示词的效果。比如有两种风格，我们希望比较两种风格都没有、只有其中一种风格、两种风格融合三者之间的区别，就可以使用提示词矩阵脚本来实现我们的需求了，这个脚本能够提供查看不同组合效果的功能，如图6-31所示。

图6-31　提示词矩阵脚本

下面通过一个案例展示提示词矩阵脚本如何使用。现在我们有两种不同风格的LoRA模型，分别是盲盒风格和插画风格，比较一下哪种风格更合适。提示词选用的还是第5章中的森林少女。先打开提示词矩阵脚本，然后在后方输入提示词：|<lora:blindbox_V1Mix:1>,|<lora:COOLKIDS_MERGE_V2.5:1>，如图6-32所示，注意需要比较的提示词要用符号"|"隔开，并且默认放置在提示词后方，提示词中的LoRA模型可以通过点击拓展模型的卡片自动输入。

图6-32　输入提示词进行比较

点击"生成"，我们就能看到四张效果图，如图6-33所示，分别代表了两种风格都没有、只有盲盒风格、只有插画风格和融合了盲盒风格和插画风格的图像。

6.2.3　批量提示词出图脚本

如果我们希望根据多个不同的提示词和不同的参数进行图像生成，那就需要用到批量提示词出图脚本了。批量提示词出图脚本目前支持两种方式：直接

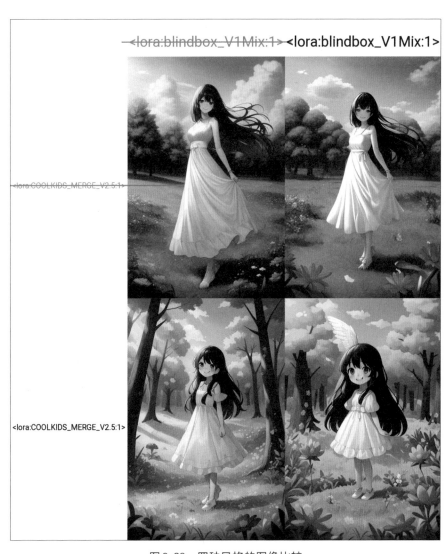

图6-33 四种风格的图像比较

输入文本、上传文件，如图6-34所示。

不过，不管是直接输入文本还是上传文件，其格式都是固定的，每一行只写一条记录。完整格式如下（在实际使用时，如果有些参数一致，可以不在文本中设置，最简单的就是每一行只有正向提示词）：

```
--prompt "1 girl" --negative_prompt "nsfw" --width 512 --height 512
--sample_name "Euler a" --step 20 --batch_size 1 --cfg_scale 7 --seed -1
```

131

图 6-34　批量提示词出图脚本

其中，prompt 代表正向提示词；negative_prompt 代表反向提示词；width 和 height 代表宽和高；sample_name 代表采样方法；step 代表迭代步数；batch_size 代表生成的数量；cfg_scale 代表提示词引导系数；seed 代表随机数种子。

不过，一张图像生成参数的确定过程是比较复杂的，批量生成图像之后也要进行细节的微调，读者可根据实际情况选择。

6.3　常用拓展插件介绍与下载

6.3.1　图片信息反推

Stable Diffusion 社区中有非常多开源的拓展插件，这些插件可以帮助使用者提升绘图效率。如果读者是自己部署，需要从网上下载自己需要的插件，后面会介绍拓展插件的下载和配置。如果读者使用的是秋叶整合包，其中内置了一些常用的插件，但是整合包也并不是把所有的插件都包含进去了，一些插件也是需要自己下载和配置的，好在这个操作并不复杂。

我们先来了解其中一个插件：图片信息反推，也就是功能导航栏中的"WD1.4 标签器（Tagger）"。图片信息反推也就是根据提供的图片自动反推出匹配的文本关键词，相当于图生文功能。图片信息反推插件推导结果一般是单词或短语，这些单词和短语能描述对象的特征。此外，该插件除了能够根据图片生成提示词，还提供了关键词分析和排名展示。使用方法也很简单，如图6-35所示，选中功能导航栏中的"WD1.4标签器（Tagger）"，上传图片，点击"反推提示词"按钮，即可在右侧看到反推的提示词了。当然，生成的提示词也需要自己手动调整，才能达到更好的效果。

图 6-35　图片信息反推

6.3.2　图片高清放大

如果我们想生成高分辨率的高清图像，在生成图像参数中设置较高倍数的高分辨率修复会增加生成图像时间，也会对显卡提出更高的要求。我们可以使用图片高清放大拓展插件，通过人工智能算法来对图片进行二次高清放大处理。这个插件在功能导航栏的后期处理中可以导入图片，也可以在图库浏览器里将生成的图片发送给后期处理。

插件的功能就像是一个重绘幅度为0的高清修复，它的原理和市面上绝大多数AI修复照片的应用原理是相似的，因为不涉及再扩散的过程，因此它的运行速度很快，几秒可能就可以做好一张图。操作方法其实也很简单，如图6-36所示，设置一个合适的倍数，再选择算法，这个插件支持同时使用两种算法来进行放大，但只靠一种算法也能发挥不错的放大效果，下面的其他选项主要是修复人脸的，可以将可见程度设置为0.5。

图6-36是将一张经典的图片"达特茅斯会议合影"放置到后期处理中，设

置"缩放倍数"为2，选择之前介绍过的适合修复真实照片的R-ESRGAN 4x+算法，算法的"可见程度"设置为0.5，点击"生成"。

图6-36　后期处理

原图与生成的效果图如图6-37所示，读者可进行对比。

当我们生成了一张相对比较清晰的图片时，就可以通过图片高清放大拓展插件进行高清放大了。

图6-37　原图与生成的效果图对比

6.3.3　插件下载与配置

前面提到了两种常用插件的使用方法，其实秋叶的整合包里还内置了很多插件，可帮助我们更好地生成图像，插件可以极大地丰富和拓展WebUI的性能，让本就自由的Stable Diffusion有了更多的"可玩性"。目前的插件已经进化到了视频领域，使用AnimateDiff插件，文本图像生成便可以由静到动，实现一键生成GIF动图。各种各样的插件丰富了Stable Diffusion社区，WebUI的作者也提供了接口让用户自行筛选和使用插件。

针对插件的安装方法有很多，下面主要介绍其中两种方法，读者可参考进行下载配置，整个安装过程中建议保持可用的网络环境。

第一种方法是最简单的自动下载安装。如图6-38所示，找到WebUI功能导航栏的"扩展"选项，点击"可下载"，再点击"加载扩展列表"按钮，就可以看到网络上的插件了，在搜索栏输入自己需要的插件名称，即可找到对应插件，然后点击"安装"即可。

图6-38 自动下载安装插件

第二种方法是从GitHub网址进行安装，如图6-39所示，找到WebUI功能导航栏的"扩展"选项，点击"从网址安装"选项，将需要的插件包地址粘贴到输入框中，即可自动下载和安装好插件。

图6-39 从网址安装插件

当插件安装完成后，我们需要重新加载WebUI界面，插件才会生效。

7

可控的
图像生成

7.1　ControlNet插件介绍

7.1.1　ControlNet实现原理

ControlNet这个词语很好理解，直译过来就是控制网络。它是Stable Diffusion中可以实现稳定控图的开源插件。在前面的内容中我们了解到，基于扩散模型的AI绘画是非常难以控制的，扩散生成图片的过程充满了随机性，如果不能做到精确控制，只依赖反复尝试来得到我们想要的图像，那AI绘画也不能显著提高我们的工作效率。因此，ControlNet插件的出现，直接拉开了Stable Diffusion和其他AI绘画软件在控图上的巨大差距，如图7-1为几种风格之间的对比。

| 原图 | 漫画风格 | 现实风格 | 性别转换 |

图7-1　几种风格的图片对比

ControlNet插件包括Annotator注释器模型和ControlNet控图模型两个部分。其中，Annotator注释器也就是我们常提到的预处理器，它的作用是对原图进行提取加工，将画面中的空间语义信息检测出来，转换成可视化的预览图，比如人物关键点、边缘线稿图、深度图等。提取加工的过程我们称之为预处理，其间无须绘画模型介入，也不需要设置任何提示词或参数，只需选择对应预处理器即可快速生成，如图7-2所示。

ControlNet模型不同于我们之前介绍过的主模型和LoRA等拓展模型，它储存的并不是人物发色、肢体动作、表情等图像内容，而是用来处理线条、景深

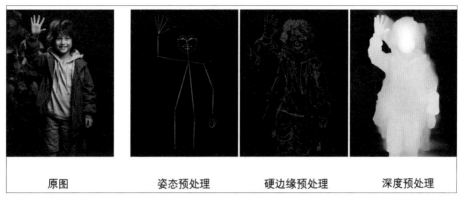

图7-2 Annotator注释器预处理生成的图像

等更加底层信息的结构化约束。它就像专业画师一样，观察到的是构图、人体结构、光影等底层逻辑，这些是影响画面的关键因素，所以ControlNet模型能很好地还原图像。

理解了ControlNet的构成，我们再来了解一下它的运作过程：首先通过预处理器将原图中的关键信息检测并提取出来，然后通过模型将这些关键信息添加到绘图过程中进行约束。

7.1.2 ControlNet下载与配置

了解了ControlNet的基础概念和原理之后，下面介绍如何安装和使用这款插件。秋叶整合包已经内置安装好了ControlNet插件，预处理器和模型也跟整合包一起放置在网盘中了，如图7-3所示。下载后将预处理器文件夹的downloads文件夹粘贴至Stable Diffusion安装目录\extensions\sd-webui-controlnet\annotator中，将模型文件夹中的所有文件粘贴至Stable Diffusion安装目录\extensions\sd-webui-controlnet\models中，再重载WebUI界面即可正常使用。

	文件名	修改时间	↓	类型	大小
	模型	2023-07-27 15:07		文件夹	-
	预处理器	2023-07-27 15:07		文件夹	-
	安装教程.txt	2023-07-27 15:07		txt文件	44B

我的网盘 > sd-webui-aki > 可选controlnet1.1

图7-3 模型和预处理器在网盘中的存放位置

如果读者之前采用的是手动安装，需要下载三部分内容：ControlNet插件、预处理器和ControlNet模型。插件的安装方法前面已经介绍过了，可以在扩展页面的可下载选项中刷新列表，搜索"controlnet"，找到对应插件下载；也可以从GitHub网址进行安装，地址见前言二维码中链接7-1。

预处理器在被调用时，会自动从huggingface上下载预处理器文件，这些文件通常会自动下载到Stable Diffusion安装目录\extensions\sd-webui-controlnet\annotator中。但是因为网络问题，容易卡顿很久或者出现报错。读者可以直接下载秋叶整合包网盘中提供的可选controlnet1.1文件夹，将预处理器文件夹的downloads文件夹放置到前面介绍的annotator文件夹中，这样就不用自动下载了。

最后需要下载ControlNet模型，如图7-4所示，每个模型大小都在1.4GB左右，官方ControlNet模型下载地址见前言二维码中链接7-2。

图7-4　ControlNet模型下载

从官方下载所有模型会需要很长时间，所以也可以直接下载秋叶整合包网盘中提供的可选controlnet1.1文件夹，将模型文件夹中的所有文件粘贴至Stable Diffusion安装目录\extensions\sd-webui-controlnet\models中。

7.2 ControlNet插件的使用

7.2.1 基本使用方式

生成一张图像，来了解插件的基本使用方式。

首先打开WebUI的图生图模式，选择现实风格的主模型，上传一张参考图（图7-5），然后填写提示词。

图7-5　上传参考图

提示词可以使用之前介绍的拓展插件WD1.4标签器进行反推，反推后的提示词可以放置到翻译软件中查看，再根据提示词的逻辑分类进行调整。输入提示词时，可以先选择基础起手式的预设，如图7-6所示。

正向提示词如下：

masterpiece, best quality, realistic,

1boy, child, brown hair,brown eyes,grey hoodie, green jacket, khaki shorts, backpack, standing, waving, smile, looking at viewer,

plant,indoors,

图7-6　输入提示词

然后设置参数，采样方法与迭代步数等参数可根据使用习惯进行设置，需要注意的是生成图像的分辨率，应尽量和原图像保持一致，如图 7-7 所示，可以点击下方的三角尺按钮自动获取原图分辨率。生成图像时可以增加总批次数，多生成几张图像进行比较。

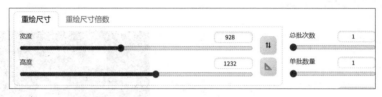

图 7-7　参数设置

如图 7-8 所示，找到 ControlNet 插件，点击"启用"，打开"完美像素模式"，显存小于 4GB 的电脑可以打开"低显存模式"，控图类型选择"Canny（硬边缘）"，预处理器和模型会自动切换到 Canny 类型。

图 7-8　ControlNet 插件设置

完成上述操作后点击图生图页面的"生成"按钮，即可看到绘图结果，可以看到图像基本被成功模仿了，如图 7-9 所示。

7.2.2　参数设置

在图生图模式下，了解了插件的使用方式之后，我们再来看一下文生图模式下 ControlNet 插件的展开页面，如图 7-10 所示。该模式下需要独立上传控制图像，当然图生图模式也能独立上传控制图像，只是插件默认将上传到图生图模式的参考图设置为了参考图像。而文生图模式下，点击插件上传图片区域右下方的第四个上传按钮，也能将控制图像的分辨率设置为生成图像的分辨率。

图7-9　绘图结果与原图比较

图7-10　文生图模式下的ControlNet插件

ControlNet插件提供了丰富的参数项供用户进行微调，下面介绍一下参数的通用设置：

① 启用。勾选启用后，ControlNet插件可以在生成图像时起到控图效果（图7-11）。

② 低显存模式。显卡内存小于4GB的电脑，可以开启低显存模式，开启后绘图速度会变慢，但显卡支持的绘图上限会有所提升（图7-11）。

③ 完美像素模式。完美像素模式会自动适配最佳分辨率，帮助实现最佳的控图效果，建议勾选（图7-11）。

④ 允许预览。开启允许预览，点击预处理器和模型之间的红色星形按钮，能看到预处理器提取的关键信息（图7-11）。

图7-11　ControlNet插件的参数项

⑤ 控制类型。控制类型就是不同的ControlNet控图方向，选择了控制类型后，预处理器和模型会自动切换为所选的类型，如图7-12所示，不同控制类型会在后面的内容中分类介绍。

图7-12　控制类型

⑥ 控制权重。控制权重用于设置ControlNet在绘图过程中的控制效果，数值越大对生成图像的控图效果越明显（图7-13）。

⑦ 引导介入/终止时机。该参数用于设置ControlNet在整个迭代步数中作用的占比，默认是影响整个生图过程（图7-13）。

图7-13　控制权重和引导介入/终止时机

⑧ 控制模式。控制模式默认选择"均衡"即可，如果选择"更偏向提示词"，ControlNet的控图效果会被减弱；选择"更偏向ControlNet"，ControlNet的

控图效果会被加强（图7-14）。

图7-14　控制模式

⑨ 缩放模式。裁剪模式和图生图模式中的图像处理功能相同，在参考图像和生成图像分辨率不一致时，提供了拉伸、裁切、缩放这三种处理方式（图7-15）。

图7-15　缩放模式

⑩ 预设。可以将设置好的ControlNet参数保存为预设，下次使用时选择预设项，即可自动设置好相关参数（图7-16）。

图7-16　预设

7.2.3　多重控制网络

有时，单个控制类型无法满足我们的使用需求，因此也可以同时开启多个控制类型来增强ControlNet的控图效果。如图7-17所示，启用后的控制网络会变

图7-17　同时开启多个控制类型

为绿色。读者可以根据实际情况自行尝试，注意每个控制网络尽量选择不同的控制类型。

7.3 常用ControlNet模型分类介绍

7.3.1 常用对象类模型介绍

OpenPose是一个可以控制人物的肢体与面部特征的模型，主要用于人物图像的制作。如图7-18所示，它可以检测到人体结构的关键点，比如头部、肩膀、手肘、膝盖等位置，而不涉及人物的服饰、发型、背景等细节。其核心功能是依据人物在图像中的结构位置来还原其姿势和表情。

图7-18　OpenPose检测人体结构的关键点

OpenPose（图7-19）中内置了openpose、face、faceonly、hand和full五种预处理选项，分别针对不同的人体特征进行处理。其中，openpose是最基础的预处理器，可以检测到人体大部分关键点，并用彩色线条显示。face在openpose基础上增强了对面部的捕获能力，能够辨识眼、鼻、口等主要面部特征和轮廓，使面部表情更为逼真。faceonly专注于捕捉脸部的关键点，适用于专门描述脸部的任务。hand选项是在openpose基础上增加了对手部结构的处理，避免手部扭曲或变形。而full选项是一个综合处理器，融合了上述所有功能，推荐读者直接选用full处理器以获取最全面的人体特征。

图7-19　OpenPose选项

7.3.2　常用轮廓类模型介绍

轮廓类模型指的是通过元素轮廓来限制画面内容，包括Canny（硬边缘）、MLSD（直线）、Lineart（线稿）等模型，每种模型都配有预处理器，且同一模型可能提供多种预处理器供用户自行选择。我们先来了解常用的几种轮廓类模型。

（1）Canny（硬边缘）

该模型使用了图像处理领域的边缘检测算法，可以识别并提取图像中的边缘特征并输送到新的图像中，如图7-20所示。需要注意的是生成图像的分辨率不要太大，尽量和主模型的训练图片分辨率一致，如果画面中出现多个人物，可以适当降低分辨率。

图7-20　Canny（硬边缘）生成图像

如图7-21所示，在选择预处理器时，我们可以看到canny（硬边缘检测）和invert（对白色背景黑色线条图像反向处理），invert的重点是颜色的转变而不是空间特征的提取，它主要处理的是白底黑线的手绘线稿图。该预处理器并非

Canny独有，而是可以配合大部分线稿模型使用。

图 7-21　预处理器选择

有些控制类型在选择后，下方会多出一些针对该控制类型的特定参数，如图7-22所示，当我们选择Canny（硬边缘）时，下方会增加Canny Low Threshold低阈值和Canny High Threshold高阈值两项参数。Canny高低阈值参数控制的是预处理时提取线稿的复杂程度，两者的数值范围都限制在1～255之间，一般维持默认即可。读者也可以根据需要，调节阈值参数找到比较合适的线稿控制范围。

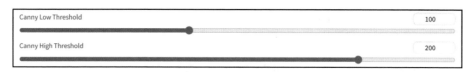

图 7-22　高低阈值

（2）MLSD（直线）

该模型提取的是图像中的直线特征，不会涉及曲线元素。因此，MLSD主要用于捕获物体的线型几何边界，如图7-23所示。同样，生成图像的分辨率不要太大，尽量和主模型的训练图片分辨率一致。

图 7-23　MLSD（直线）生成图像

MLSD预处理器也配备了特定的参数：MLSD Value Threshold（强度阈值）和MLSD Distance Threshold（长度阈值）。这两个阈值均在0～20的范围内，如

图7-24所示。其中，强度阈值主要用于筛选线条的直线强度，它会根据阈值，过滤掉不太直的线条，只保留最直的线条；长度阈值主要用于筛选线条的长度，它会根据阈值排除过短的线条。一般维持默认即可，读者也可以根据需要调节阈值参数，找到比较合适的直线控制范围。

图7-24　MLSD预处理器参数设置

（3）Lineart（线稿）

该模型也是在捕捉图像的边缘线稿，如图7-25所示。与Canny相比，Lineart提供的线稿更具有手绘的特质，其中的线条展现了笔触痕迹和粗细变化。同样，生成图像的分辨率不要太大，如果画面中出现多个人物，可以适当降低分辨率。

图7-25　Lineart（线稿）生成图像

Lineart的应用分为Realistic（真实系）和Anime（动漫系）两个领域。在ControlNet插件中，lineart和lineart_anime这两种控图模型都放在了Lineart（线稿）控制类型下，分别适用于写实和动漫风格的图像绘制，如图7-26所示。

图7-26　lineart 和 lineart_anime 控图模型

Lineart 也提供了预处理器，其中包含 anime 字段的是专为动漫风格设计的，其余则适用于写实图像。一般维持默认即可，如图7-27所示。

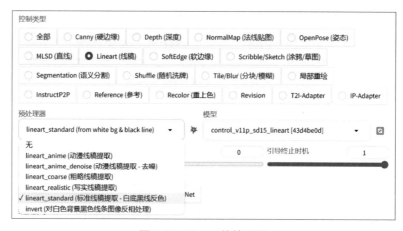

图7-27　Lineart 的处理器

7.3.3　常用景深类模型介绍

景深类模型可以体现元素间的前后关系，包括 Depth（深度）和 NormalMap（法线贴图）这两种模型。比较常用的是 Depth（深度）模型。

深度图也被称为距离影像，它可以直接体现画面中物体的三维深度关系。在一个标准的深度图中，不同的灰度级别表示从摄像机到场景中不同物体的距离。最近的物体呈现为白色，最远的物体呈现为黑色，而中间的距离则是灰色的各种阴影。

如图7-28所示，Depth 模型可以提取图像中元素的前后景关系生成深度图，再将其复用到绘制图像中，当画面中物体前后关系不够清晰时，可以通过 Depth 模型来辅助控制。

Depth 的预处理器有四种：LeReS、LeReS++、MiDaS、ZoE，如图7-29所示，其中 MiDaS 更适合处理复杂场景，并且处理速度比较快，所以维持默认即可，读者也可以根据需要，尝试其他预处理器。

图 7-28　Depth 模型生成图像

图 7-29　Depth 的预处理器

7.3.4　常用重绘类模型介绍

重绘模型是对原生图生图功能的延伸和拓展。Tile（分块/模糊）是重绘类中最强大的一种模型，在绘制图像时，它会主动识别单独块中的语义信息，减少全局提示的影响。它的最大特点就是在优化图像细节的同时不会影响画面结构。基于以上特点，该模型被广泛用于图像细节修复和高清放大。图 7-30 展示了一张低分辨率图像经过高清修复的效果，只需要使用 Tile 模型，再将生成图像的分辨率按照原图扩大一定倍数即可，倍数可以根据电脑性能来设置。

Tile 模型（图 7-31）中提供了 3 种预处理器：colorfix、colorfix+sharp、resample，分别表示固定颜色、固定颜色+锐化、重新采样，相较之下，默认的 resample 在绘制时会提供更多发挥空间，因此可能在内容上和原图差异会更大。读者也可以根据实际需要，尝试其他预处理器。

图 7-30　低分辨率图像高清修复效果

图 7-31　Tile 模型选项

7.3.5　其他 ControlNet 模型简介

前面介绍了不同类别的常用控图模型，接下来简单介绍一些不同类别的官方模型和社区模型。随着 ControlNet 的迭代，未来还会有更多的模型出现。在使用这些模型时，同样需要注意的是，生成图像的分辨率不要太大，尽量和主模型的训练图片分辨率一致，如果画面中出现多个人物，可以适当降低分辨率。

（1）Segmentation（语义分割）

该模型属于轮廓类模型，它可以在检测内容轮廓的同时将画面划分为不同区块，并通过不同的颜色对区块赋予语义标注，从而实现更加精准的控图效果，如图 7-32 所示。预处理器使用默认的 OneFormer ADE20k 即可。

（2）SoftEdge（软边缘）

该模型也属于轮廓类模型，它的特点是可以提取带有渐变效果的边缘线条，生成的图像画面看起来会更加柔和且过渡自然，如图7-33所示。预处理器也是使用默认的PiDiNet即可。

图7-32　Segmentation（语义分割）生成图像

图7-33　SoftEdge（软边缘）生成图像

（3）Scribble/Sketch（涂鸦/草图）

该模型也属于轮廓类模型，它检测生成的预处理图更像是蜡笔涂鸦的线稿，在控图效果上更加自由，如图7-34所示。预处理器也是使用默认的PiDiNet即可。

（4）NormalMap（法线贴图）

该模型属于景深类模型，它可以根据画面中的光影信息，模拟出物体表面的凹凸细节，从而准确还原画面内容布局，如图7-35所示。预处理器也是使用默认的Bae即可。

图7-34　Scribble/Sketch（涂鸦/草图）生成图像

图7-35　NormalMap（法线贴图）生成图像

（5）局部重绘

该模型属于重绘类模型，相当于更换了图生图的算法，如图7-36所示。一般情况下，预处理器使用默认的only即可。

图7-36　局部重绘生成图像

（6）InstructP2P（指导图生图）

该模型也属于重绘类模型，相当于更换了图生图的算法，如图7-37所示。一般情况下，预处理器使用默认的only即可。它的功能和图生图基本一样，也是直接参考原图的信息特征进行重绘，因此并不需要单独的预处理器即可直接使用。

图7-37　InstructP2P（指导图生图）生成图像

（7）Shuffle（随机洗牌）

该模型也属于重绘类模型，它将参考图的所有信息特征随机打乱再进行重组，生成的图像在结构、内容等方面和原图都可能不同，但在风格上依旧能看到一丝关联，如图7-38所示。

图7-38　Shuffle（随机洗牌）生成图像

（8）Reference（参考）

该模型也属于重绘类模型，它在使用时不需要使用模型，它的功能就是参考原图生成一张新的图像，如图7-39所示，预处理器也是使用默认的only即可。启用后下方会出现Style Fidelity风格保真度的参数项，数值越大，原图的风格保留痕迹会越明显。

图7-39　Reference（参考）生成图像

（9）Recolor（重上色）

Recolor是近期更新的一种ControlNet类型，它的效果是给图片填充颜色，非常适合修复一些黑白老旧照片。但Recolor无法保证颜色准确出现在特定位置上，可能会出现相互污染的情况，因此实际使用时还需配合如打断等提示词语法进行调整，如图7-40所示。预处理器推荐使用luminance。

图7-40　Recolor（重上色）生成图像

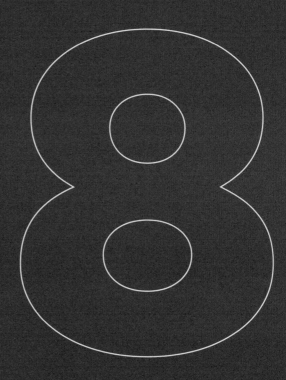

8

常见行业
应用案例

8.1　建筑设计

8.1.1　发挥建筑设计创意

Stable Diffusion这款AI绘图工具可以赋能很多行业，建筑设计就是其中较为重要的应用行业之一，Stable Diffusion为建筑设计师们提供了一个直观的图形化界面，通过使用机器学习等算法，让设计的过程既高效又符合创意愿景，实现了人的创造力与机器的计算能力之间的完美结合。

同时，通过海量数据的辅助决策，设计师们能确保他们生成的图像是基于可靠数据和深入模式分析的，这种创新的方法不仅为建筑师们提供了更广阔的创意空间，还确保了更高的设计效果和质量。下面我们将通过案例，介绍Stable Diffusion是如何发挥建筑设计创意的。

第6章介绍了模型的相关知识，大多数主模型都是通用型的，它们能够帮助生成建筑图像，但是有时可能达不到我们的预期，所以可以选择建筑类型的主模型或者拓展模型。很多模型网站都针对不同的行业应用做了模型分类，我们进入之前介绍的模型网站"哩布哩布AI"，就可以看到建筑及空间设计的分类，如图8-1所示，点击对应分类，随后在右侧筛选主模型或者拓展模型，最后预览

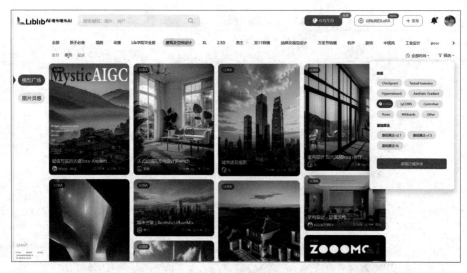

图8-1　筛选模型

热门模型，找到需要的模型进行下载。主模型的体积一般比较大，所以我们可以优先选择拓展模型中的LoRA模型。

这里我们选择一个特殊的建筑设计风格LoRA模型（图8-2），下载后存放到LoRA模型文件夹中。

图8-2　选择建筑设计风格LoRA模型

接下来我们进入文生图模式，选择一个现实风格模型。建筑的提示词一般包括建筑主体、建筑风格、视角、大师设计风格等。在此基础上我们加上预设的一些正向提示词和负面提示词，正向提示词中再加入刚才下载的LoRA模型。调整后的正向提示词如下（图8-3）。

填写好提示词后可以设置一下生图参数：将分辨率设为横向，将总批次数设为4，其他参数一般维持默认即可。设置好参数后，点击"生成"按钮，直接出现了4张扎哈风格的建筑设计图，如图8-4所示。读者还可以利用之前介绍的

masterpiece, best quality,

library,street,

Futuristic architectural panorama,

human perspective lens, extremely wide angle lens,

Zaha Hadid, <lora:UIA建筑lora_扎哈曲线风格_10__v1.0:1>

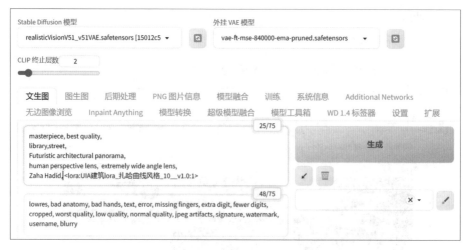

图8-3　输入提示词

图像生成进阶知识，通过比较，生成符合预期的图像。

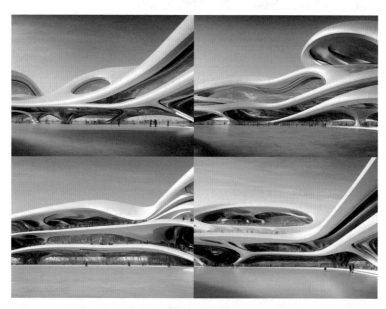

图8-4　生成的扎哈风格的建筑设计图

了解了室外建筑设计之后，我们再选择一个"赛博朋克"室内设计风格的 LoRA模型（图8-5），下载后存放到LoRA模型文件夹中。

进入文生图模式，选择一个动漫风格的模型，写上卧室的主体提示词，加入科幻风格、夜晚、霓虹灯等修饰提示词，如图8-6所示，使用刚才下载的 LoRA模型，设置横图分辨率等参数。

图 8-5　选择"赛博朋克"室内设计风格的 LoRA 模型

图 8-6　输入提示词

点击"生成"，赛博朋克风格的室内设计就完成了，如图 8-7 所示。

图 8-7　赛博朋克风格的室内设计

8.1.2　生成可控的建筑图像

在众多AI绘图应用中，Stable Diffusion的创意设计并不是最强的，它的强项是生成可控的建筑图像，其中的ControlNet插件可以根据草图或者SU模型生成图像。

我们使用一张手绘的客厅图纸，展示如何使用ControlNet插件生成建筑设计图像。

首先进入文生图界面，选择一个现实风格的主模型，然后填写提示词。为了测试效果，只在正向提示词中填写客厅的英文，然后使用基础预设，如图8-8所示。读者后期可按照自己的需求进行提示词的丰富。

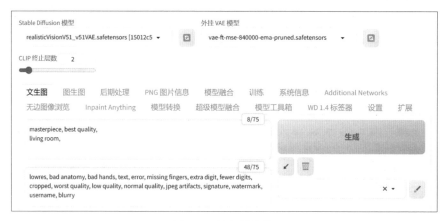

图8-8　输入提示词

然后打开ControlNet插件，勾选"启用""完美像素模式"和"允许预览"，上传图片，因为这是一张手绘草图，所以控制类型选择"Scribble/Sketch（涂鸦/草图）"，如图8-9所示，预处理器和模型会自动切换为该控制类型的默认选项。这里对预处理器进行修改，选择边缘识别能力比较强的"scribble_xdog"，点击预处理器和模型之间红色五角星形状的预览按钮，我们就可以看到识别的结果，其他参数维持默认即可。

点击"生成"，可以看到生成的图像将手绘草图进行了渲染，如图8-10所示。读者可以调整参数，多次生成，以达到预期效果。对于不同的草图，读者还可以尝试其他边缘类的控制类型，对比一下控制效果。

我们再来看一个室外建筑设计的控制案例。这里有一个简单建筑，如图8-11所示，需要根据这个建筑形成设计方案。

图 8-9　ControlNet 插件参数设置并预览

图 8-10　手绘草图生成的客厅图像

图 8-11　建筑原图

首先进入文生图界面，选择一个现实风格的主模型，然后填写提示词，如图 8-12 所示。为了测试效果，只在正向提示词中填写了别墅、瓷砖、水泥的英文，然后使用基础预设。读者后期可按照自己的需求进行提示词的丰富。

图 8-12　文生图界面的设置

然后打开 ControlNet 插件，勾选"启用""完美像素模式"和"允许预览"，上传图片，因为这是一张现实建筑的图像，所以控制类型选择"MLSD(直线)"，预处理器和模型会自动切换为该控制类型的默认选项，点击预处理器和模型之间红色五角星形状的预览按钮，我们就可以看到识别的结果，其他参数维持默认即可，如图 8-13 所示。

图 8-13　ControlNet 插件参数设置并预览

　　点击"生成"，如图 8-14 所示，可以看到生成的左侧的图像将现实的建筑图像进行了重绘。切换为现实动漫风格的主模型，生成的图像如图 8-14 右侧图像所示。读者可以调整参数，多次生成，以达到预期效果。还可以尝试其他边缘类的控制类型，对比一下控制效果。

图 8-14　生成的建筑图像

8.2　动漫设计

8.2.1　现实转化为动漫

在动漫设计领域，AI 绘画技术已经引发了革命性的变化，它为创作者们提供了高度自动化的艺术创作方法，从角色设计到风格化的场景绘制，AI 都能够迅速模仿和创新，极大地提高了创作效率。但是，这种技术进步的同时，也带来了对原创性的挑战和对艺术家角色的重新审视。我们必须思考，在一个机器可以复制甚至超越人类创作的时代，真正的创意和原创性是什么？我们如何在保持技术发展的同时，确保不丧失艺术的核心意义和深层的人文情感？这需要我们在追求技术进步的道路上，更加深入地思考和坚守艺术的初心。

不过无论对 AI 绘画技术有什么看法，了解这项技术还是很有必要的，下面我们通过一个案例介绍如何将现实的图片转化为动漫风格。

图 8-15　一张婚纱照

如图 8-15 所示，我们选择了一张婚纱照，这也是最开始 AI 绘画技术被大众所周知的应用场景，它的提示词需要比较精确地描述参考图，所以我们可以借助之前介绍的 WD1.4 标签器来反推提示词，如图 8-16 所示。生成好提示词后可以借助翻译软件进行翻译，然后进行手动修改。

图8-16　反推提示词

　　然后进入图生图界面，选择一个现实动漫风格的主模型，填写提示词。为了测试效果，这里将反推的提示词直接加入正向提示词，然后使用基础预设，如图8-17所示。读者后期可按照自己的需求丰富提示词。这里使用的是Stable Diffusion的图生图功能，这个功能可以依据提供的参考图作为作画方向，贴合度比较高。

图8-17　输入提示词

　　接下来设置参数，迭代步数可以适当提高，重绘尺寸需要使用三角尺按钮获取参考图的分辨率，总批次数设置为4，一次多生成几张图像，其他参数读者可以根据自己的使用习惯进行调整。

　　设置好参数后打开ControlNet插件，勾选"启用"和"完美像素模式"，如图8-18所示，图像无须上传，插件会自动获取图生图模式的参考图，对现实的照片进行动漫化，控制类型可以选择"Lineart（线稿）"，预处理器和模型会自动切换为该控制类型的默认选项，这里的模型有两种，我们使用默认的lineart模型即可，其他参数维持默认。

图8-18　ControlNet插件设置

点击"生成"，如图8-19所示，可以看到成功对现实照片进行了动漫风格的转化。读者可以调整参数，多次生成，以达到预期效果。还可以尝试其他边缘类的控制类型，对比一下控制效果。

图8-19　生成的动漫风格的婚纱照

8.2.2　图书插画、绘本创作流程

当代的图书插画和绘本创作正经历着技术的变革。利用ChatGPT和Stable Diffusion等技术，创作的流程变得更加直观和高效。首先，通过ChatGPT确定插画或绘本的核心主题。然后根据这个主题生成相关的提示词，为插画的创作提供方向。

有了这些提示词后，我们转到Stable Diffusion上。根据ChatGPT生成的提示词，直接绘制出与主题相匹配的插画。整个过程不仅大大简化了传统的手工绘制流程，还能确保插画内容与文本主题的高度一致性。除了ChatGPT，读者也可以使用其他对话类型的AI工具进行尝试，例如百度的文心一言、讯飞星火等。

下面通过一个案例，展示图书插画、绘本的创作流程。

首先让ChatGPT提供绘本主题供我们选择，提示词为：

你是一个有着丰富经验的儿童绘本故事创作者，你能给我几个绘本主题吗，主角是人类的。

ChatGPT很快就给出了七个主题，如图8-20所示。

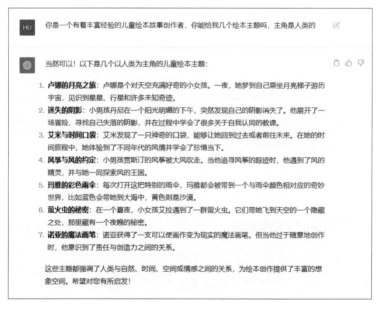

图8-20　ChatGPT给出的绘本主题

然后选择一个喜欢的主题，让ChatGPT详细描述，提示词为：

详细介绍一下魔法画笔。

169

ChatGPT 很快就给出了故事的描述（图 8-21）：一个爱画画的小男孩捡到了一支魔法画笔，这支画笔能将画出来的内容变成现实，但是随着小男孩画的奇怪东西越来越多，小镇出现了混乱，他意识到了问题，将画笔进行封存，使用自己的画笔继续画画。

图 8-21　ChatGPT 生成的魔法画笔故事描述

接下来让 ChatGPT 想象画面，并根据参考给出提示词，针对 ChatGPT 的提示词如下：

你现在需要扮演一个具有了解很多画作的提示词助理，你的任务是根据刚才的故事情节想象一些插画的画面，然后将每一张画面转化成一份详细的、高质量的提示词，让 Stable Diffusion 可以生成高质量的图像。注意故事的主角描述词需要统一，他的服装、头发、年龄等信息在每一份提示词中都是一致的，每段英文提示词之后，附上中文释义。

Stable Diffusion是一款利用深度学习的文生图模型，支持通过使用提示词来产生新的图像，描述要包含或省略的元素。提示词用来描述图像，由普通常见的单词构成，使用英文半角","作为分隔符。内容包含画面主体、所处环境、图像质量等部分，比如一个在森林中奔跑的女孩就可以使用以下提示词：

masterpiece, best quality,

1 girl, child, long hair, black hair, hat, blue eyes, blue dress, backpack, full body, chibi, smile,

looking at viewer, running,

outdoors, path, flower, tree, grass, butterfly,

这份提示词比较关键的就是对主角描述的一致，这可以让画面中的主角保持稳定，ChatGPT生成的提示词如图8-22所示。

好的，根据《诺亚的魔法画笔》的故事情节，以下是一些插画的画面描述及其详细的、高质量的提示词：

1. 诺亚在公园中发现魔法画笔
- **提示词：**
  masterpiece, best quality,
  1 boy, 11 years old, short brown hair, blue eyes, green shirt, blue shorts, curious expression,
  looking at, holding,
  outdoors, park, secluded corner, stone bench, trees, shrubs, golden magic brush,
- **中文释义：**
  精美画质，诺亚，11岁，短棕色头发，蓝眼睛，绿色上衣，蓝色短裤，好奇的表情，在户外的公园一个隐蔽的角落，靠近石凳，树木和灌木丛中，他看着并拿着一个金色的魔法画笔。

2. 诺亚画下飞翔的蝴蝶，它变为现实
- **提示词：**
  masterpiece, best quality,
  1 boy, 11 years old, short brown hair, blue eyes, green shirt, blue shorts, surprised expression,
  drawing, paper, pencil,
  outdoors, park, flying butterfly, colorful, magic aura,
- **中文释义：**
  精美画质，诺亚，11岁，短棕色头发，蓝眼睛，绿色上衣，蓝色短裤，惊讶的表情，正在用铅笔在纸上画画，在公园中，有一只五颜六色飞翔的蝴蝶，周围有魔法的光环。

3. 诺亚为小镇居民画出他们想要的东西
- **提示词：**
  masterpiece, best quality,

↻ Regenerate

图8-22　ChatGPT生成的提示词

生成好提示词后，可以做简单修改，然后使用Stable Diffusion进行插画绘制。绘制插画可以选择一个插画风格的主模型，这里使用的是Manmaru mix模型，如图8-23所示，下载地址见前言二维码中链接8-1。这个模型相比于其他通用类的主模型，更适合绘制插画，当然读者也可以尝试其他主模型和拓展模型。

图8-23　下载Manmaru mix模型

下载好模型后，使用文生图功能进行绘制，将每张图像的提示词输入进去，分辨率调整为横向，总批次数调高，其他参数根据使用习惯进行设置，如图8-24所示。

图8-24　输入提示词

点击"生成"按钮，随后从生成图像中找到合适的图像，如图8-25所示。如果觉得图片中有不满意的地方，可以用以图生图的inpaint局部重绘功能进行修改。这里为了展示效果，没有做局部重绘，读者在应用过程中可以根据之前章节介绍的内容进行尝试。

图8-25　生成的图像

最后使用"后期处理"中的图像放大功能，提升图片分辨率，如图8-26所示。注意放大算法需要选择动漫类型的。

图8-26　提升图片分辨率

生成的六张绘本图像如图8-27所示，可以看到主角基本固定，图像与故事情节也比较符合，但还是有一些小瑕疵，可以通过重绘或者专业绘画软件进行调整。

图8-27　生成的六张绘本图像

8.3　平面设计

8.3.1　定制AI模特

AI绘画也正在革新着平面设计行业，从初始设计到市场营销的每一个环节都受到其影响。在设计阶段，AI能提供独特的设计方案或自动创造新的概念，大大加速了创新速度。在市场营销中，AI模特和创意海报减少了大量成本。设计AI模特分为三步：获取模特服饰的蒙版、获取模特的姿势特征图、通过图生图局部重绘（上传蒙版）生成图像。

之前的章节我们了解过蒙版的使用，对于AI模特的服饰而言，手涂的蒙版显然不够精准，使用PS等工具又比较麻烦，这时候可以使用Stable Diffusion中一个新的插件：Inpaint Anything，它是一款语义分割插件，语义分割的作用是通过不同的颜色，将图片中的物体分类，进行语义划分。而这款插件的强大之处在于可以更加精细化地将图片内容进行分割，而且可以控制我们选取分割后的部分内容。

　　和其他插件的安装方式一致，在扩展中可以搜索插件进行下载，或者通过在线网址安装，网址见前言二维码中链接8-2。如图8-28所示，安装完成后需要重载UI，这里已经安装完成了，所以上方的功能导航栏多出来了"Inpaint Anything"。

图8-28　下载插件

　　下载好插件后，我们来获取模特服饰的蒙版，第一次使用Inpaint Anything需要下载模型，读者可以根据电脑显存来挑选不同的模型下载：显存小于8GB时，可以下载sam_hq_vit_b_01ec64.pth；显存大于等于8GB时，可以挑选上方其他模型进行下载。如图8-29所示，模型下载完成后，上传模特图像，这里我们上传了一张假人模特的照片。然后点击"运行"按钮，等待几秒，就可以在图8-29右侧看到分割后的结果。

图8-29　下载模型并上传图像

使用画笔点击不同的颜色，标记我们需要生成的服饰蒙版区域。如图8-30所示，标记完成后点击"创建蒙版"，就能抠出服饰的蒙版区域了，图中下方区域的高亮部分就是蒙版。在该区域还可以进一步对蒙版编辑，可以用鼠标涂抹一些区域，进行蒙版的添加或者修剪。

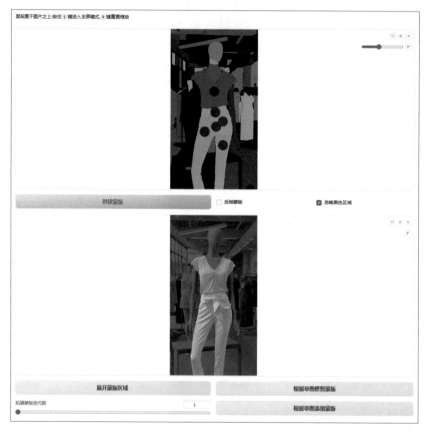

图8-30　蒙版编辑

在编辑完之后，点击整个插件左下方的"仅蒙版"按钮，然后点击"获取蒙版"，如图8-31所示。如果不满意，你可以继续编辑蒙版，然后再获取最新的蒙版。如果蒙版没有问题，就点击下方的"发送到图生图重绘"按钮。

将蒙版内容发送到图生图后，我们就可以在图生图模式下进行重新绘制了。图8-32中对蒙版进行了反色，白色区域变成了蒙版区域。

选择一个现实风格的模型，提示词填写模特、女生、黑色头发等信息，如图8-33所示，这里为了保证面部统一性，还增加了一个固定的人脸LORA模型，这样保证每张模特图像的脸部都是统一的。

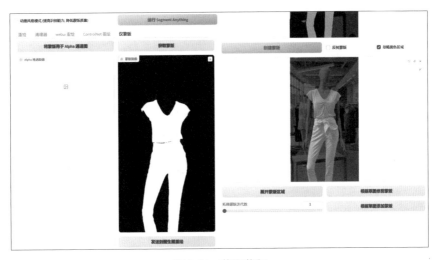

图 8-31　获取蒙版

图 8-32　蒙版反色

接下来设置一些生图参数，如图8-34所示，需要注意的是蒙版模式要选择"重绘非蒙版内容"，因为蒙版蒙住的是衣服，我们要重绘衣服之外的内容。其他参数维持默认，分辨率和原图保持一致即可，重绘幅度适当降低，也可以根据生图情况进行微调。

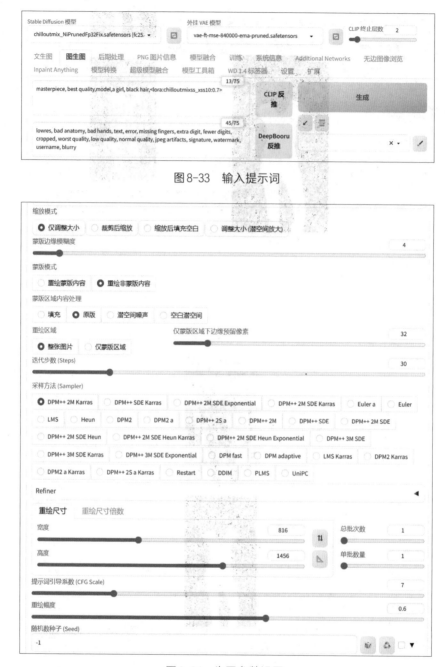

图8-33　输入提示词

图8-34　生图参数设置

　　设置好参数后打开ControlNet插件，勾选"启用"和"完美像素模式"，如图8-35所示，图像无须上传，插件会自动获取图生图模式的参考图，控制类型选择"OpenPose（姿态）"，预处理器和模型会自动切换为该控制类型的默认选项。

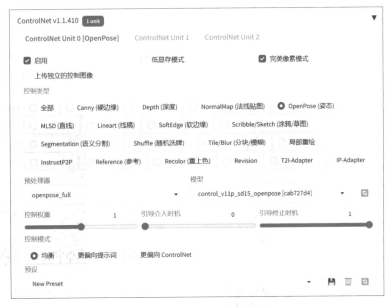

图8-35　ControlNet插件设置

点击"生成"，可以看到AI模特的效果图如图8-36所示。读者可以调整参数，多次生成，以达到预期效果。

图8-36　生成的AI模特效果图

8.3.2 可控的创意海报设计

在创意海报设计领域，AI艺术字也比较受欢迎。简单的文字，使用Stable Diffusion，就可生成各种样式的艺术效果，如图8-37所示。

图8-37　AI艺术字

生成艺术字的流程也并不复杂，首先生成字体图片，然后使用ControlNet插件获取深度信息，最后通过提示词生成图像即可。

字体可以自己用画笔绘制，也可以在书法网站选择字体生成。这里使用的网站是"第一字体网"，网址见前言二维码中链接8-3。登录后选择字体即可生成图片，字号可以适当提高。需要注意的是不要选择横平竖直的一些字体，会导致生成的图像太过生硬。

生成的字体图片是透明底的png文件，还需要转化为白底黑字图片，这个使用PS工具，或者使用PPT等工具再重新截图都可以。保证最后的文字图片是白底黑字即可。

如图8-38所示，进入Stable Diffusion的文生图模式，打开ControlNet插件，勾选"启用""完美像素模式"和"允许预览"，上传字体图片。因为这是一张白底黑字图片，所以不要使用控制类型，直接选择"invert（白底黑字反色）"处理器，模型选择"depth"深度模型，点击预处理器和模型之间红色五角星形状的预览按钮，就可以看到识别的结果，其他参数维持默认即可。

图8-38 ControlNet插件设置-"春天"

选择一个现实动漫风格的主模型，然后填写提示词，如图8-39所示，提示词主体包括无人类、粉色的花、树叶、树枝等，还可以加上静物、模糊背景、景深等修饰词。在此基础上，我们还可以加上预设的一些正向提示词和负向提示词。读者后期可按照自己的需求进行提示词的丰富。参数可以按照使用习惯进行设置，可以将总批次数调高，从中选择合适的图像。

图8-39 输入提示词并设置参数

生成的图像还可以放到后期处理中进行高清放大，前面已经介绍过了，这里不再赘述，如图 8-40 所示。

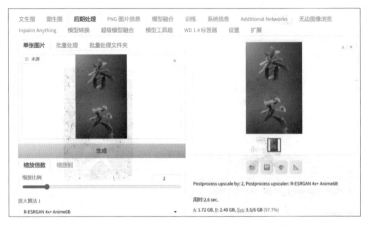

图 8-40　后期处理

除了生成艺术字，Stable Diffusion 还能生成光影文字等，读者可在 ControlNet 插件中以不同的模型进行尝试。如图 8-41 所示，预处理器还是选择

图 8-41　ControlNet 插件设置-"北京"

"invert（白底黑字反色）"处理器，控制权重可以适当降低，引导时机和终止时机也可以根据实际情况进行调整。

　　这里展示一个光影文字案例，供读者参考（图8-42）。

　　Stable Diffusion的行业应用还有很多，受篇幅限制，本章只介绍了其中一部分，读者可以关注网络上的一些视频教程，不断更新知识，掌握好Stable Diffusion等一系列人工智能工具。

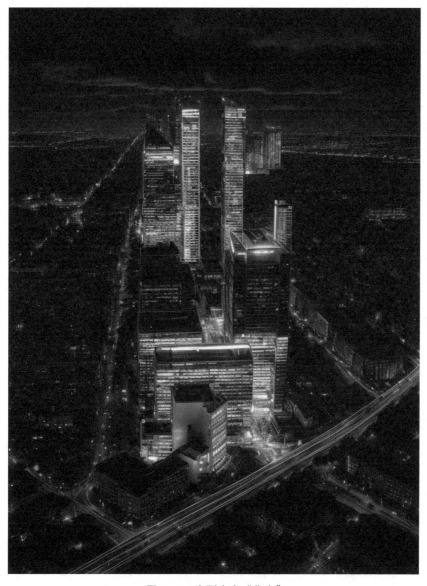

图8-42　光影文字"北京"

附录

附录一　Stable Diffusion 在线网站使用指南

1. 哩布 AI 网站

Stable Diffusion 本地使用对电脑配置要求较高，尤其是在其发布了 SDXL 模型之后，本地使用需要足够大的显存，而且模型更新迭代迅速，想要尝试多种模型的话也会占用较多的存储空间。

如果电脑配置达不到本地使用的要求，可以使用在线网站生成图片，国内网站比较推荐的是哩布 AI 网站，它的操作界面基于 WebUI 开发，容易上手。同时，网站上还拥有大量 AI 绘画模型资源，可以快速体验多种模型。网站上还涵盖了丰富的作品实例，为使用者提供创作灵感。目前网站每天都有较多的免费出图额度，适合体验学习。

2. 界面简介

输入网站链接，进入网站首页，如图 1 所示，网站链接为：https://www.liblib.art/，首页左侧是功能区，包含哩布首页、作品灵感、在线生成、训练我的LoRA 和个人中心等功能按钮。

图1　哩布 AI 网站

右侧是内容显示区，点击"哩布首页"，可以在内容显示区看到模型广场，模型广场有不同领域，不同类型的模型；点击"作品灵感"，可以在内容显示区看到丰富的作品图片，如图2所示，这些作品都是网站用户生成的，可以选择不同类型的作品进行观赏，选中一幅喜欢的作品，点击之后可以看到该作品的详细信息，如图3所示，信息包括提示词和引用的模型等，可以点击"复制全部"得到提示词，也可以点击"一键生图"，直接进行创作。需要注意的是，有些作品的作者可能会隐藏详细信息，并不是该图片没有使用模型和提示词。

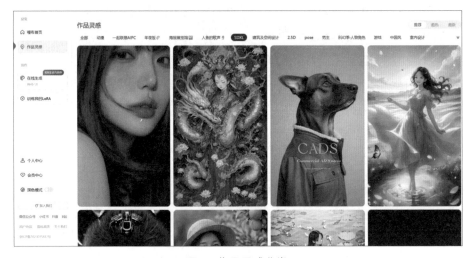

图2　作品灵感分类

图3　作品详细信息

图1界面右上方左侧是"发布"按钮，使用者可以发布模型和图片。右侧是登录按钮，网站支持手机号、微信和QQ三种登录方式，点击"在线生图"或训练我的LoRA等功能时，也会出现登录界面，如图4所示。

图4　登录界面

3.图像生成界面

在网站首页点击"在线生成"按钮，会进入到"文生图"界面，如图5所示。文生图操作和我们在正文中介绍的操作一致，包含模型选择、正反向提示词输入、生图参数设置、图像输出等基本操作。其优势是可以直接添加想要的模型，无须下载。

图5　文生图界面

点击"图生图"按钮，会进入到图生图界面，如图6所示。图生图操作也和正文中介绍的操作基本一致，包含模型选择、图像上传、正反向提示词输入、生图参数设置、图像输出等基本操作。图生图的涂鸦、局部重绘、涂鸦重绘、重绘蒙版等方式也能正常使用。

图6　图生图界面

点击"后期处理"按钮，会进入到后期处理界面，如图7所示。操作也和正文中介绍的操作基本一致，包含图像上传、算法选择、参数设置等基本操作。该功能可以将图像高清放大。

图7　后期处理界面

点击"图库"按钮，会进入到作品管理界面，如图8所示。本地部署的Stable Diffusion会将生成的图片存储到电脑上，哩布AI网站是将生成的图片存储到云空间里。

图8　作品管理界面

在文生图和图生图操作中，同样可以使用正文中介绍的ControlNet插件，如图9所示，实现可控的图像生成。除此之外，图像生成界面还包括视频生成等其他功能，读者可以自行体验。

图9　ControlNet界面

4. LoRA训练界面

该网站可以进行模型训练，非会员也能体验模型训练过程，LoRA训练界面如图10所示。可以进行底模选择、参数设置、图片打标等操作，读者可以自行体验。

图10 LoRA训练界面

哩布AI网站还在不断升级中，不过正如在正文中所提及的，在线网站是固定模板，不能自己配置相关插件，而且可能也涉及一些付费功能。不过在线网站的优势也很明显，可以帮助大家广泛体验和使用AI绘画。

附录二　Comfy UI使用指南

1. Comfy UI简介

Comfy UI是一个节点工作流式的WebUI，它将Stable Diffusion生成图像的流程拆分成了一个个节点，通过节点的组合实现了更加精准的工作流定制和完善的可复现性。同时，它生成图像的速度也比传统的WebUI更快一些，而且占用了更少的显存，这对低显存使用者来说，体验SDXL这种大模型，或是生成更高分辨率的图像，提供了新的选择。

　　Comfy UI的界面如图11所示，这种节点式的界面其实广泛存在于各种专业的生产力工具中，例如Blender虚幻引擎、达芬奇等，它没有规矩的选框标签按钮，只有一个个被线连接在一起的节点，构成一个从输入到输出的完整工作流程。它能有效提高运用Stable Diffusion的自由度，在Comfy UI里，各种功能的界面自由组合，可以演变出成千上百种不同的生成方式。同时，可以调用一个节点输出的内容作为另一个节点的输入，让原本需要在不同板块、插件里进行的工作环环相扣地组合在一起，进而实现一些工作流程的全自动化运作。

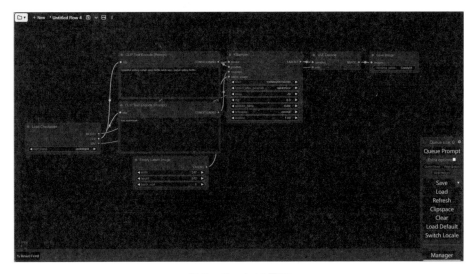

图11　Comfy UI界面

2. Comfy UI安装

（1）整合包推荐

　　和WebUI一样，Comfy UI也是开源的，但是想要部署在本地还是较为麻烦的，需要进行一些环境配置，本附录不具体讲解如何配置Comfy UI，感兴趣的读者可以网上搜索相关教程。我们还是优先推荐使用整合包。正文中提到的WebUI整合包作者秋叶也发布了一个Comfy UI整合包，发布地址还是在B站（哔哩哔哩）上，如图12所示，可以在视频简介或评论区获取整合包链接，视频编号为：BV1Ew411776，可以直接在B站上搜索。具体的下载解压流程这里不再展示，读者可以自行获取相关资源。

图12　Comfy UI整合包发布视频

整合包下载解压之后，找到启动器并打开，启动器界面如图13所示。和正文介绍的WebUI整合包启动器界面很类似。

图13　启动器界面

（2）在线网站

同样，也可以使用在线网站体验Comfy UI，国内网站比较推荐的是esheep网站，它和附录一介绍的哩布AI网站一样，支持使用WebUI在线生成图像，拥有AI绘画模型资源和作品实例，每天都有免费出图额度。该网站的WebUI界面和最新版本的秋叶WebUI整合包一致，包含了较为丰富使用的插件，界面如图14所示。

图14　esheep网站WebUI界面

此外，该网站还支持使用Comfy UI工作流，界面如图15所示，电脑配置不高的使用者可以登录esheep网站。在线使用Comfy UI工作流，该网站后期可能也会涉及一些付费功能，读者可以自行选择。

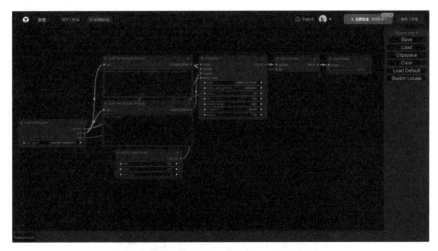

图15　esheep网站Comfy UI界面

3. Comfy UI 创建工作流

这里使用秋叶整合包，简单介绍一下如何创建Comfy UI工作流，创建之前需要将模型放置在整合包文件夹中，或者参考秋叶上传视频中的介绍进行设置，与WebUI共享模型文件。准备工作完成后可以进入启动器，一键启动，进入

Comfy UI界面。

　　进入界面后会展示一个基础的工作流，点击右下角的"管理器"按钮，可以在其中选择中文语言，中文版界面如图16所示。

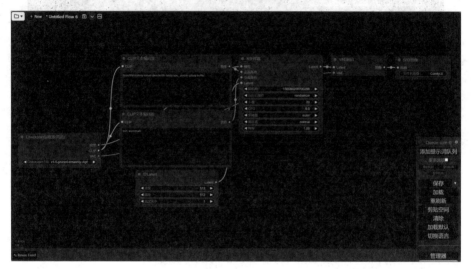

图16　中文版 Comfy UI 界面

　　首先看一下如何创建节点，右键单击，可以选择"新建节点"，并选择节点的类型和具体节点。新建一个主模型节点需要在加载器类型中选择"Checkpoint加载器"节点，如图17所示。

图17　新建主模型节点

接下来建立一个简单工作流，也就是新建一些节点并进行连接：在加载器类型中，选择"Checkpoint加载器"节点；在条件类型中，选择"CLIP文本编码器"节点；在采样类型中，选择"K采样器"节点；在Latent类型中，选择"空Latent"节点和"VAE解码"节点；在图像类型中，选择"保存图像"节点。接下来进行连线，可以根据颜色和名称进行连接，还是比较简单的。建立好的工作流如图18所示，运行到节点时，外边框会变为绿色。

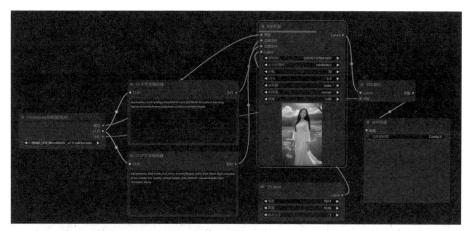

图18　建立工作流

建立好工作流，设置好参数后，可以点击右下方菜单栏中的"添加提示词队列"按钮，就能生成图像了。菜单栏如图19所示，生成的图像如图20所示。

图19　菜单栏　　　　　　　图20　生成的图像

4. Comfy UI 导入工作流

点击菜单栏的"保存"按钮，可以将建立的工作流保存，保存的格式是后缀名为.json的文件。点击菜单栏的"加载"按钮，选择后缀名为.json的文件，就能加载别人创建的工作流。还有一个有意思的技巧，可以将使用Comfy UI工作流生成的图像直接拖入网页，工作流会自动展示。

读者可以在网络上选择喜欢的工作流进行使用，不过可能会缺失一些插件和模型，可以补全后运行，也可以在之前介绍的esheep网站上进行体验。网站上有一些推荐的工作流，可以查看并运行，运行界面如图21所示。

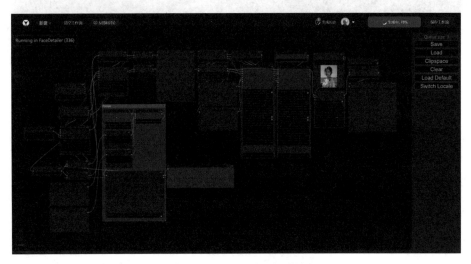

图21　esheep网站运行界面